U0270160

金工实习报告

(第二版)

（工科类学生实践教学适用）

鞠鲁粤 等著

上海交通大學出版社

内 容 简 介

本书汇集了工科专业金工实习报告147个。全书共分18个部分,包括热处理及金相组织、铸造成形、锻造成形、冲压成形、注塑成形、焊接成形、快速成形(RP)、车削加工、镗削加工、铣削加工、刨削加工、齿轮加工、磨削加工、数控加工、特种加工、计算机辅助设计与制造(CAD/CAM)、钳工、装配等实践内容。本书是根据工程材料成形和零件加工过程的工艺原理、工艺方法而编制的,立意新、实用价值高,便于学生在金工实习中巩固已掌握的实践知识并对学生进行实践考核。本书也可以作为学生认识实习、生产实习等实践训练的补充教材。

图书在版编目(CIP)数据

金工实习报告/鞠鲁粤等著. —2版. —上海:上海交通大学出版社,2011(2015重印)

ISBN 978-7-313-02656-9

Ⅰ. 金… Ⅱ. 鞠… Ⅲ. 金属加工—实习—高等学校—教学参考资料 Ⅳ. TG-45

中国版本图书馆CIP数据核字(2011)第027992号

金工实习报告
(第二版)
鞠鲁粤 等著
上海交通大学出版社出版发行
(上海市番禺路951号 邮政编码200030)
电话:64071208 出版人:韩建民
常熟市文化印刷有限公司 印刷 全国新华书店经销
开本:787mm×1092mm 1/16 印张:9.75 字数:117千字
2001年4月第1版 2011年6月第2版 2015年5月第13次印刷
印数:5030
ISBN 978-7-313-02656-9/TG 定价:20.00元

再版前言

跨入21世纪,建立现代化工程训练中心以取代传统的金工实习工厂的浪潮席卷全国。为适应现代工程训练的教学要求,笔者在2001年初编著了这本教材。

转眼十年过去了,金工实习内容又增添了许多内涵,各高校的实践环节中又有了许多创新。为保证金工实习的教学质量,深化实习效果,我们改编了本教材。

本书的编著从三个角度考虑:其一,通过工程材料及其性能控制、材料成形、机械加工三个方面,分别考察学生的实习效果和动手能力;其二,尽可能结合机械制造中的一些新工艺、新技术、新方法及其发展趋势,以培养学生的实践能力,适应用人单位对学生知识结构和知识面的要求,使高校培养的学生适应时代对工程技术人员的要求;其三,本教材也可作为工程训练中心金工实习的考核内容,组织学生进行预习和复习。

本书不但可以满足工科学生的课程学习需求,同时也可作为机械制造认识实习、生产实习实践训练的补充教材。

本书的作者长期从事近机类、非机类和机械类工科学生的金工实习和课程教学工作,已累计有数万人次的金工实习教学工作经历。本书是他们长期教学工作经验的总结,对工科学生掌握机械制造科学会有一定的帮助。

参加本书编写的人员有:(按章节顺序)王仁利(材料)、鞠鲁粤(铸造)、姚勤(锻造、冲压、注塑)、方宇栋(焊接)、鞠鲁粤(快速成形)、陆建刚(车削、数控、CAD/CAM)、张萍(车削、铣削、镗削、刨削)、朱克华(镗削、磨削)、陈东、吴卫东(钳工)、陆筠(齿轮加工)、章宇(特种加工)。

全书由上海大学鞠鲁粤教授统稿。

本书在编写过程中,参考了有关教材、手册、资料,得到众多同志的支持和帮助,在此一并表示衷心感谢。

由于作者的水平有限,书中有错误和不足之处敬请广大读者批评指正。

编著者

2011年1月20日

目 录

1　热处理及金相组织

热处理及金相组织实习报告(1)

班级		学号		姓名		成绩	
报告内容:锉刀的热处理							
热处理零件名称		锉刀		热处理零件材料		T12	
热处理要求		刃部 HRC64～67 柄部≤HRC35		热处理方法		淬火＋低温回火	
实　习　数　据							
1. 热处理设备				2. 淬火介质			
3. 淬火温度				4. 回火温度			
画出热处理工艺曲线							
采用低温回火的理由							
热处理操作工艺探讨							

报告时间：　　年　月　日

热处理及金相组织实习报告(2)

<table>
<tr><td>班级</td><td></td><td>学号</td><td></td><td>姓名</td><td></td><td>成绩</td><td></td></tr>
<tr><td colspan="8">报告内容:凿子的热处理</td></tr>
<tr><td colspan="2">热处理零件名称</td><td colspan="2">凿子</td><td colspan="2">热处理零件材料</td><td colspan="2">T7(T8)</td></tr>
<tr><td colspan="2">热处理要求</td><td colspan="2">刃口 HRC53～57
其他 HRC32～40</td><td colspan="2">热处理方法</td><td colspan="2">淬火＋低温回火</td></tr>
<tr><td colspan="8">实　习　数　据</td></tr>
<tr><td colspan="2">1. 热处理设备</td><td colspan="2"></td><td colspan="2">2. 淬火介质</td><td colspan="2"></td></tr>
<tr><td colspan="2">3. 淬火温度</td><td colspan="2"></td><td colspan="2">4. 回火温度</td><td colspan="2"></td></tr>
<tr><td colspan="8">画出热处理工艺曲线</td></tr>
<tr><td colspan="8"></td></tr>
<tr><td colspan="8">采用低温回火的理由</td></tr>
<tr><td colspan="8"></td></tr>
<tr><td colspan="8">热处理操作工艺探讨</td></tr>
<tr><td colspan="8"></td></tr>
</table>

报告时间：　　年　月　日

热处理及金相组织实习报告(3)

<table>
<tr><td>班级</td><td></td><td>学号</td><td></td><td>姓名</td><td></td><td>成绩</td><td></td></tr>
<tr><td colspan="8">报告内容:双头扳手的热处理</td></tr>
<tr><td colspan="2">热处理零件名称</td><td colspan="2">双头扳手</td><td colspan="2">热处理零件材料</td><td colspan="2">50(40Cr)</td></tr>
<tr><td colspan="2">热处理要求</td><td colspan="2">全部 HRC41～47</td><td colspan="2">热处理方法</td><td colspan="2">淬火＋中温回火</td></tr>
<tr><td colspan="8">实 习 数 据</td></tr>
<tr><td colspan="2">1. 热处理设备</td><td colspan="2"></td><td colspan="2">2. 淬火介质</td><td colspan="2"></td></tr>
<tr><td colspan="2">3. 淬火温度</td><td colspan="2"></td><td colspan="2">4. 回火温度</td><td colspan="2"></td></tr>
<tr><td>零件图</td><td colspan="7">全部 3.2</td></tr>
<tr><td colspan="8">画出热处理工艺曲线</td></tr>
<tr><td colspan="8"></td></tr>
<tr><td colspan="8">采用中温回火的理由</td></tr>
<tr><td colspan="8"></td></tr>
<tr><td colspan="8">热处理操作工艺探讨</td></tr>
<tr><td colspan="8"></td></tr>
</table>

报告时间： 年 月 日

热处理及金相组织实习报告(4)

班级		学号		姓名		成绩	
报告内容:小轴的热处理							
热处理零件名称		小轴		热处理零件材料		45 钢	
热处理要求		HRC20~25		热处理方法		淬火+高温回火	
实 习 数 据							
1. 热处理设备				2. 淬火介质			
3. 淬火温度				4. 回火温度			
零件图	全部 1.6 φ18 160						
画出热处理工艺曲线							
采用高温回火的理由							
热处理操作工艺探讨							

报告时间: 年 月 日

热处理及金相组织实习报告(5)

班级		学号		姓名		成绩	

报告内容:锻件纤维组织观察

零件图

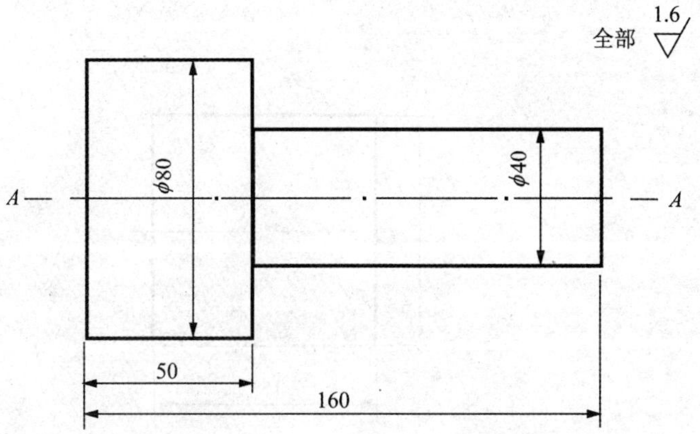

全部 1.6

A — A

$\phi80$ $\phi40$

50

160

1. 45 钢
2. 将锻件沿轴线 $A-A$ 纵向切开
3. 将试件放到 50%盐酸和 50%水的腐蚀液中腐蚀;腐蚀液加热到 65～85℃,腐蚀时间 30min;腐蚀后经水洗,吹干;观察锻轴的纵向纤维组织

1. 实习目的

2. 实习方法

3. 画出锻件的纤维组织

4. 实习分析

(1) 锻件在哪些方面优于铸件,为什么?

(2) 纤维组织的形成对材料有何影响,如何利用?

报告时间: 年 月 日

热处理及金相组织实习报告(6)

<table>
<tr><td>班级</td><td></td><td>学号</td><td></td><td>姓名</td><td></td><td>成绩</td><td></td></tr>
<tr><td colspan="8">报告内容:金相显微试样的制备</td></tr>
<tr><td>零件图</td><td colspan="7">金相试样
全部 1.6
ϕ15
15</td></tr>
<tr><td colspan="8">1. 实习目的</td></tr>
<tr><td colspan="8">2. 金相显微试样的制备过程</td></tr>
<tr><td colspan="8">3. 绘制浸蚀后试样的显微组织</td></tr>
<tr><td colspan="8">4. 小结实习中存在的问题</td></tr>
</table>

报告时间:　　年　月　日

热处理及金相组织实习报告(7)

班级		学号		姓名		成绩	
报告内容:铁碳合金平衡组织的观察							
铁碳合金的显微样品: (1) 工业纯铁;(2) 45 钢;(3) T8 钢;(4) T12 钢;(5) 亚共晶白口铁;(6) 共晶白口铁;(7) 过共晶白口铁							
1. 实习目的							
2. 金相显微试样的制备过程							
3. 绘制浸蚀后试样的显微组织							
4. 小结实习中存在的问题							

报告时间: 年 月 日

热处理及金相组织实习报告(8)

班级		学号		姓名		成绩	

报告内容:45 钢热处理及硬度测试

零件图

45 钢试样 8 件

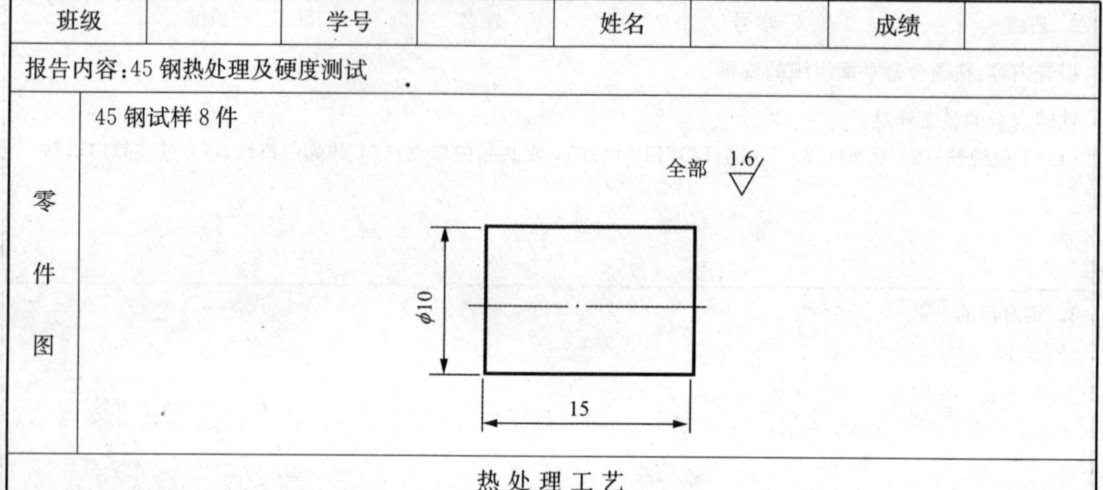

热 处 理 工 艺

序号	加热温度℃	冷却方法	回火温度℃	硬度值	平均	预计组织
1	860	炉冷				
2		空冷				
3		油冷				
4		水冷				
5		水冷				
6		水冷				
7		水冷				
8	750	水冷				

1. 实习目的

2. 分析实习结果

(1) 将测量的硬度值填入上表(每个试样打 3 点)。

(2) 分析 45 钢 750℃油淬与 45 钢 860℃油淬的硬度区别。若 45 钢淬火后硬度不足,是加热温度不足,还是冷却速度不够?

报告时间: 年 月 日

热处理及金相组织实习报告(9)

班级		学号		姓名		成绩	

报告内容:碳钢热处理后组织的观察

45 钢试样 5 件,T12 钢试样 3 件

序号	钢号	热处理工艺	显微组织
1	45	860℃正火(空冷)	$S+F$
2	45	860℃油冷	$M+T$
3	45	860℃水冷	M
4	45	860℃水冷 600℃回火	$S_{回}$
5	45	750℃水冷	$M+F$
6	T12	780℃球化退火	P(粒)
7	T12	780℃水冷 200℃回火	$M_{回}+Fe3C_{II}$(粒)
8	T12	1 100℃水冷 200℃回火	粗大针状 $M_{回}+Ar$

1. 实习目的

2. 分析实习结果

(1) 不同冷却速度对钢性能的影响。

(2) 回火温度对淬火钢性能的影响。

(3) T12 钢 780℃水淬 200℃回火,与 T12 钢 1 100℃水淬 200℃回火的组织区别、性能区别。

(4) 过共析钢淬火温度的选择?

报告时间:　　年　月　日

热处理及金相组织实习报告(10)

班级		学号		姓名		成绩	
报告内容:铸铁的显微组织							

铸铁试件 4 件(普通灰铸铁、球墨铸铁、蠕墨铸铁、可锻铸铁)

序号	材料	显微组织
1	普通灰铸铁	
2	球墨铸铁	
3	蠕墨铸铁	
4	可锻铸铁	

1. 实习目的

2. 分析实习结果

(1) 填写上列表格。

(2) 铸铁的显微组织示意图,组成物名称,特征及形成过程。

报告时间:　　年　月　日

2 铸造成形

铸造成形实习报告(1)

班级		学号		姓名		成绩	

报告内容:铸型的组成及作用

铸型组成图

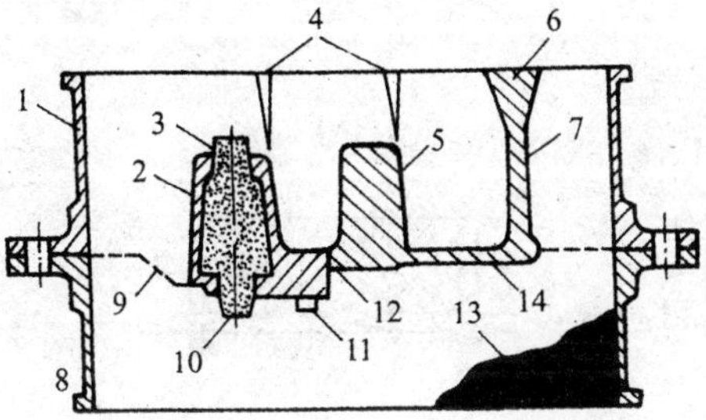

铸型的组成(名称)、作用及工艺要求

序号	名称	作用及工艺要求
1		
2		
3		
4		
5		
6		
7		
8		
9		
10		
11		
12		
13		
14		

报告时间:　　年　月　日

铸造成形实习报告(2)

班级		学号		姓名		成绩	
报告内容:整模造型过程							
整模造型过程图 上 下 (a) (b) (c) (d) (e) (f)							
根据上图所示,简述整模造型过程							

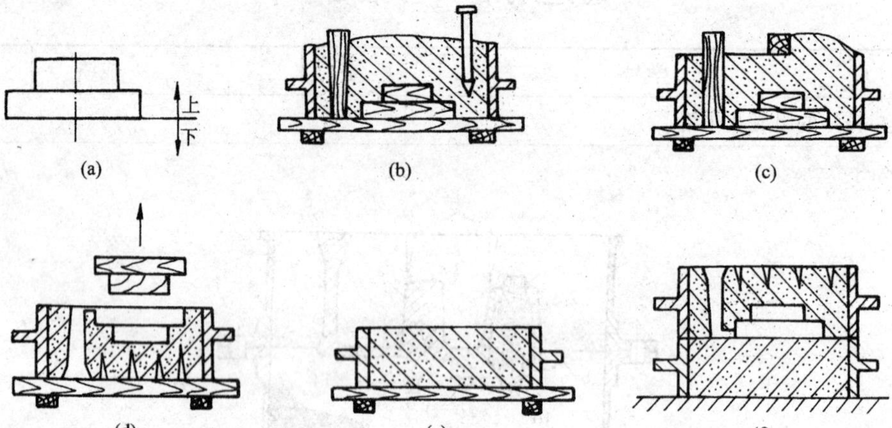

造型工具	工具作用

报告时间: 年 月 日

铸造成形实习报告(3)

<table>
<tr><td>班级</td><td></td><td>学号</td><td></td><td>姓名</td><td></td><td>成绩</td><td></td></tr>
<tr><td colspan="8">报告内容:分模造型过程</td></tr>
<tr><td colspan="8">分模造型过程图
(a) (b) (c) (d)
(e) (f) (g)</td></tr>
<tr><td colspan="8">根据上图所示,简述分模造型过程</td></tr>
<tr><td colspan="3">造型工具</td><td colspan="5">工具作用</td></tr>
<tr><td colspan="3"></td><td colspan="5"></td></tr>
</table>

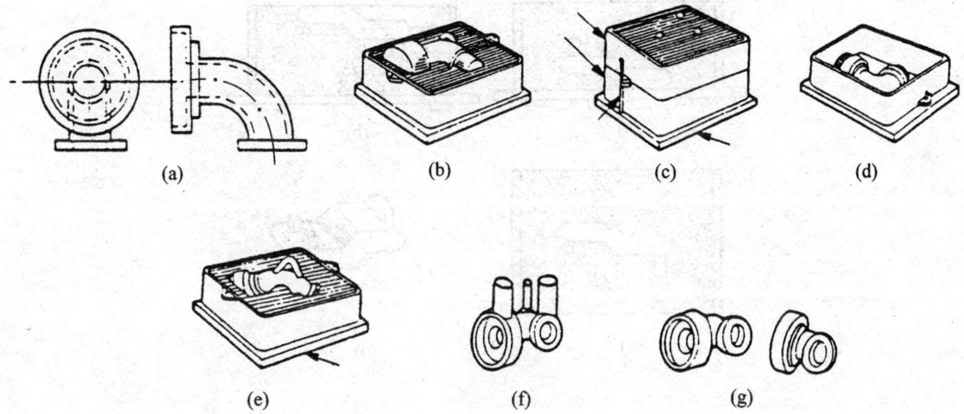

报告时间: 年 月 日

铸造成形实习报告(4)

班级		学号		姓名		成绩	
报告内容:挖砂造型过程							
挖砂造型过程图 (a) (b) (c) (d)							
根据上图所示,简述挖砂造型过程							

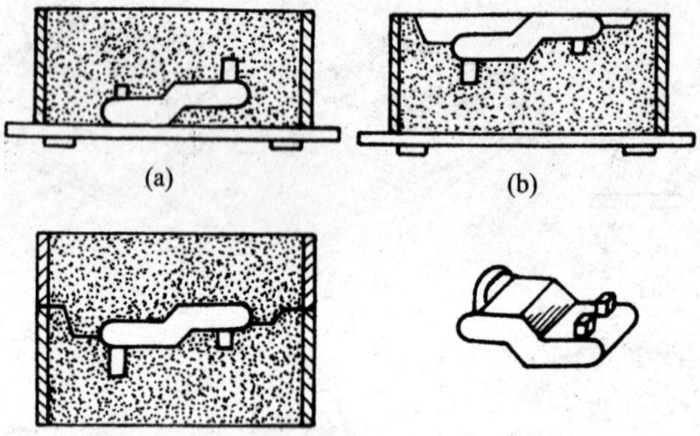

模样简图	造型方法		合型简图	砂箱数目	
	模型种类			砂箱定位方式	

报告时间: 年 月 日

铸造成形实习报告(5)

班级		学号		姓名		成绩	

报告内容:假箱造型过程

假箱造型过程图

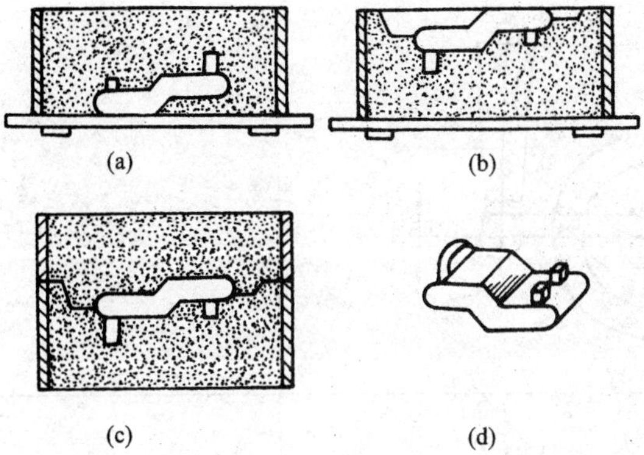

(a) (b)

(c) (d)

参考上图所示的假箱造型过程图,简述假箱造型过程

假箱简图	造型方法		合型简图	砂箱数目	
	模型种类			砂箱定位方式	

报告时间: 年 月 日

铸造成形实习报告(6)

班级		学号		姓名		成绩	

报告内容:浇注系统分析 1

浇注系统	名称	作用及使用场合

报告时间: 年 月 日

铸造成形实习报告(7)

班级		学号		姓名		成绩	

报告内容:浇注系统分析 2

浇注系统	名称	作用及使用场合
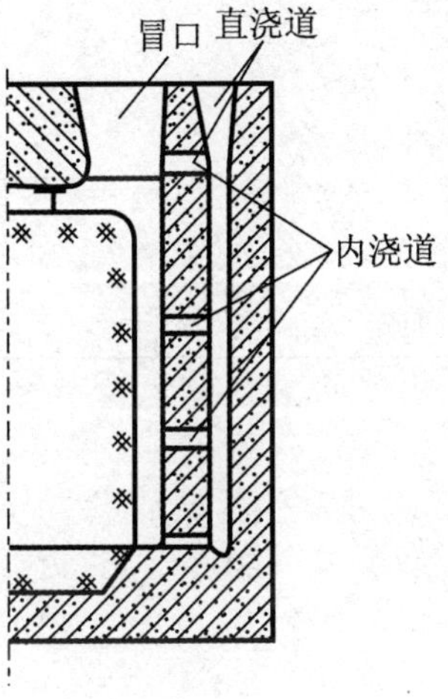 冒口 直浇道 内浇道		
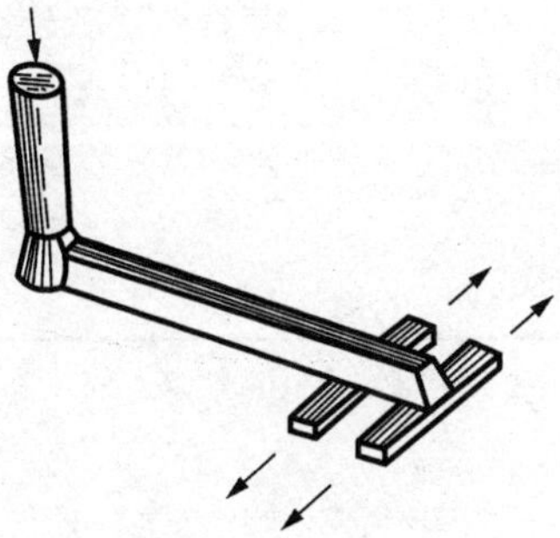		
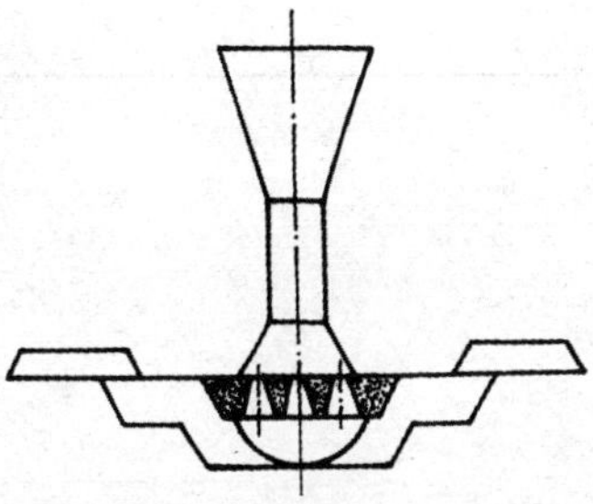		

报告时间:　　年　月　日

铸造成形实习报告(8)

班级		学号		姓名		成绩	

报告内容:型芯的作用分析

型芯的形状	名称、特点及应用场合
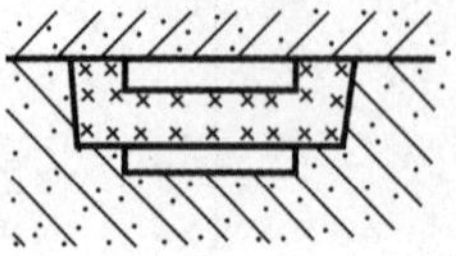	
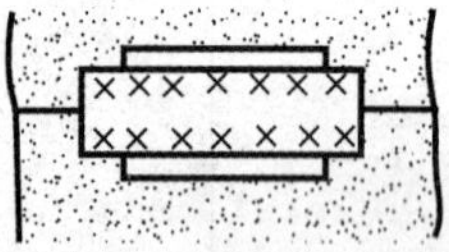	
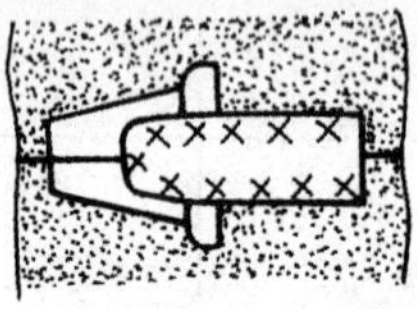	
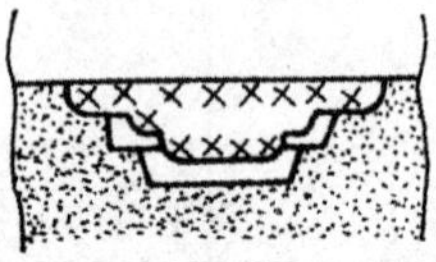	
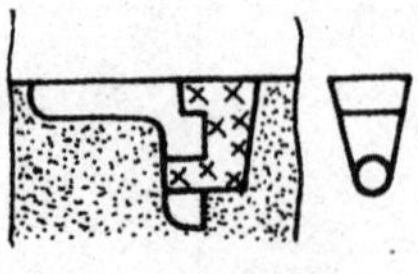	

报告时间:　　年　月　日

铸造成形实习报告(9)

班级		学号		姓名		成绩	
报告内容:绳轮铸造工艺							
铸造名称:绳轮					分型面选择理由		
请用分型面符号表示出下面的分型面位置							

模样简图	造型方法		合型简图	砂箱数目	
	模型种类			砂箱定位方式	

报告时间: 年 月 日

铸造成形实习报告(10)

班级		学号		姓名		成绩	

报告内容：手轮铸造工艺

铸造名称：手轮	分型面选择理由
请用分型面符号表示出下面的分型面位置	

	造型方法			砂箱数目	
	模型种类			砂箱定位方式	
模样简图			合型简图		

报告时间：　　年　月　日

铸造成形实习报告(11)

班级		学号		姓名		成绩	
报告内容:压力机飞轮铸造工艺							
铸造名称:压力机飞轮				分型面选择理由			
画出压力机飞轮的铸造工艺图 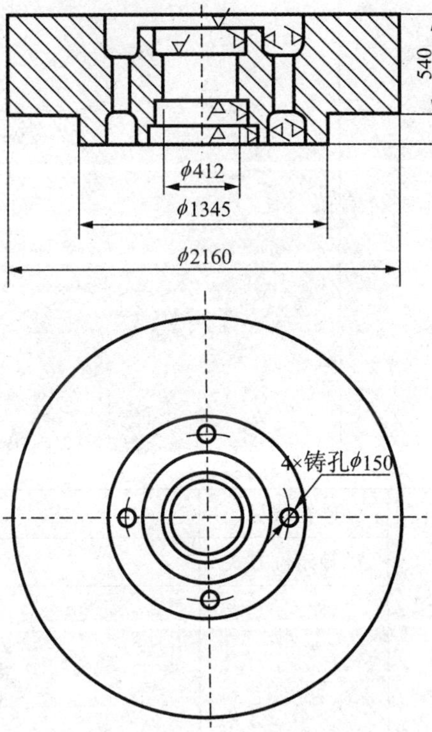							

540
616
ϕ412
ϕ1345
ϕ2160
4×铸孔ϕ150

模样简图	造型方法		合型简图	砂箱数目	
	模型种类			砂箱定位方式	

报告时间: 年 月 日

铸造成形实习报告(12)

班级		学号		姓名		成绩	

报告内容：手柄铸造工艺

铸造名称：手柄	分型面选择理由
画出手柄的铸造工艺图	

模样简图	造型方法		合型简图	砂箱数目	
	模型种类			砂箱定位方式	

报告时间：　　年　月　日

铸造成形实习报告(13)

<table>
<tr><td>班级</td><td></td><td>学号</td><td></td><td>姓名</td><td></td><td>成绩</td><td></td></tr>
<tr><td colspan="8">报告内容:平皮带轮铸造工艺</td></tr>
<tr><td colspan="5">铸造名称:平皮带轮</td><td colspan="3">分型面选择理由</td></tr>
<tr><td colspan="5">画出平皮带轮的铸造工艺图
φ170
90
190
φ100
φ750</td><td colspan="3"></td></tr>
</table>

<table>
<tr><td rowspan="3">模样简图</td><td>造型方法</td><td></td><td rowspan="3">合型简图</td><td>砂箱数目</td><td></td></tr>
<tr><td>模型种类</td><td></td><td>砂箱定位方式</td><td></td></tr>
<tr><td></td><td></td><td></td><td></td></tr>
</table>

报告时间: 年 月 日

铸造成形实习报告(14)

班级		学号		姓名		成绩	
报告内容:轴承座铸造工艺							
铸造名称:轴承座					分型面选择理由		
画出轴承座的铸造工艺图							

模样简图	造型方法		合型简图	砂箱数目	
	模型种类			砂箱定位方式	

报告时间:　　年　月　日

铸造成形实习报告(15)

班级		学号		姓名		成绩	

报告内容:铸件缺陷分析 1

铸件缺陷的名称和图例	缺陷特征	产生缺陷的主要原因
1. 气孔 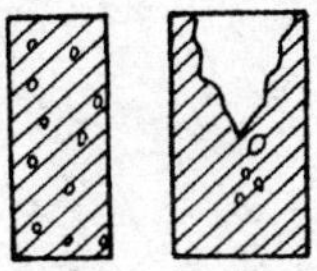		
2. 缩孔 		
3. 错型 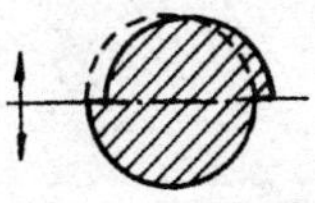		
4. 热裂 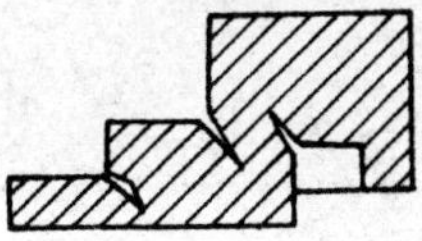		
5. 冷裂 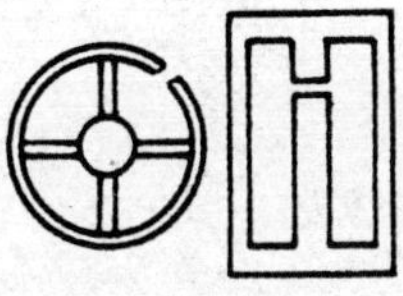		

报告时间: 年 月 日

铸造成形实习报告(16)

班级		学号		姓名		成绩	
报告内容:铸件缺陷分析 2							

铸件缺陷的名称和图例	缺陷特征	产生缺陷的主要原因
1. 冷隔		
2. 夹砂		
3. 粘砂		
4. 浇不足		
5. 夹渣		

报告时间： 年 月 日

3 锻造成形

锻造实习报告(1)

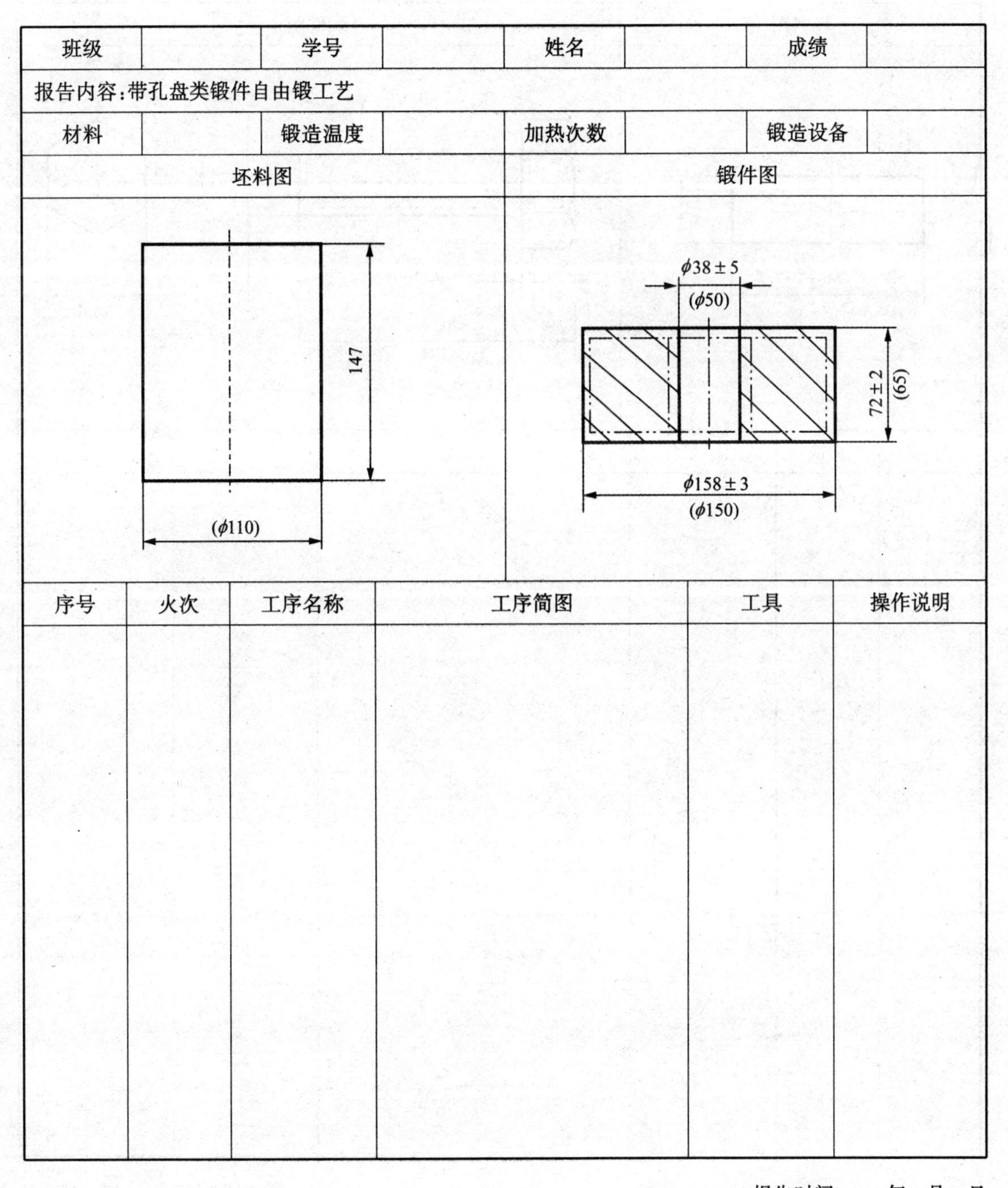

班级		学号		姓名		成绩	
报告内容:带孔盘类锻件自由锻工艺							
材料		锻造温度		加热次数		锻造设备	
坯料图				锻件图			

序号	火次	工序名称	工序简图	工具	操作说明

报告时间:　　年　月　日

锻造实习报告(2)

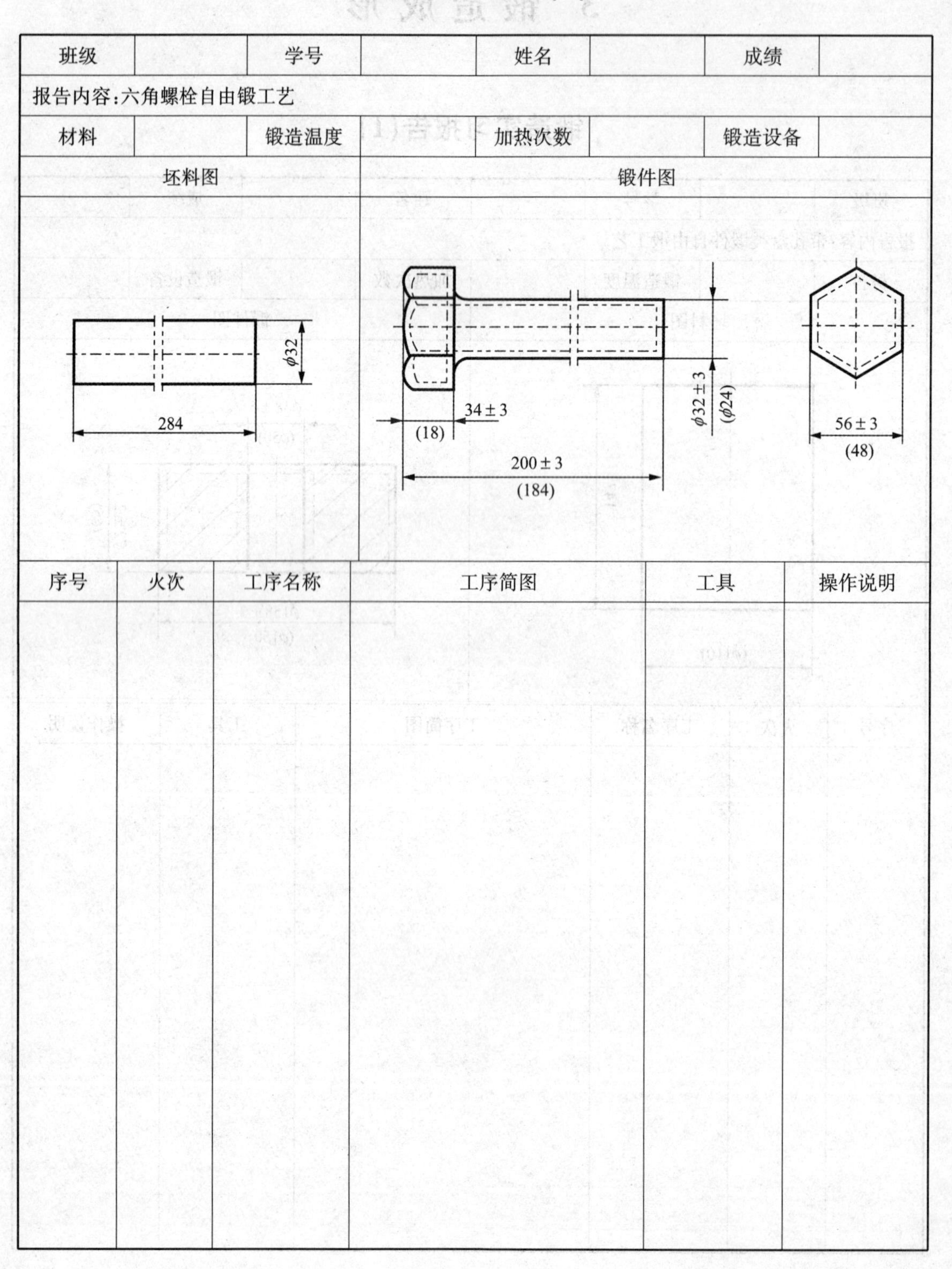

班级		学号		姓名		成绩	
报告内容:六角螺栓自由锻工艺							
材料		锻造温度		加热次数		锻造设备	
坯料图			锻件图				

序号	火次	工序名称	工序简图	工具	操作说明

报告时间：　　年　月　日

锻造实习报告(3)

班级		学号		姓名		成绩	

报告内容:自由锻结构工艺性

序号	自由锻件图	改进后的自由锻件图	改进理由
1	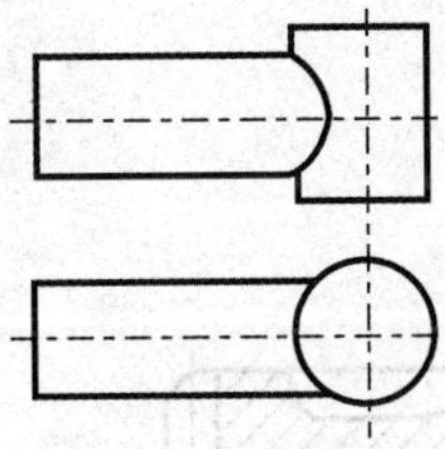		
2	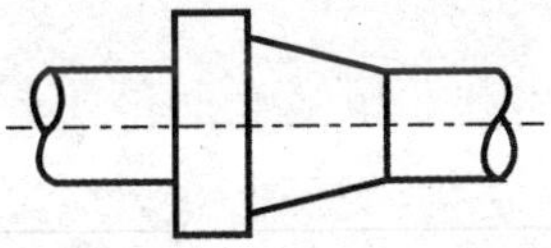		
3	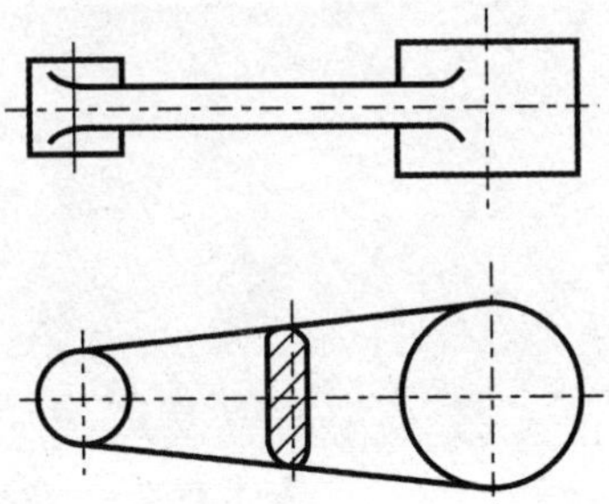		
4	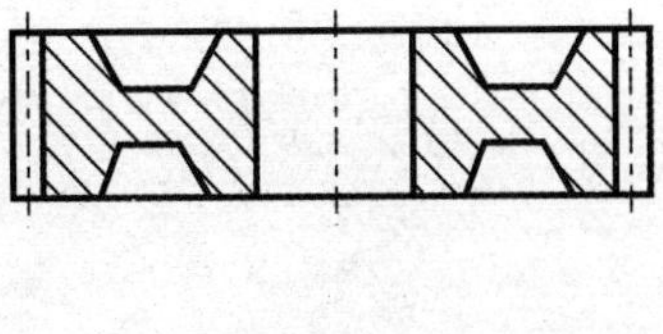		

报告时间: 年 月 日

锻造实习报告(4)

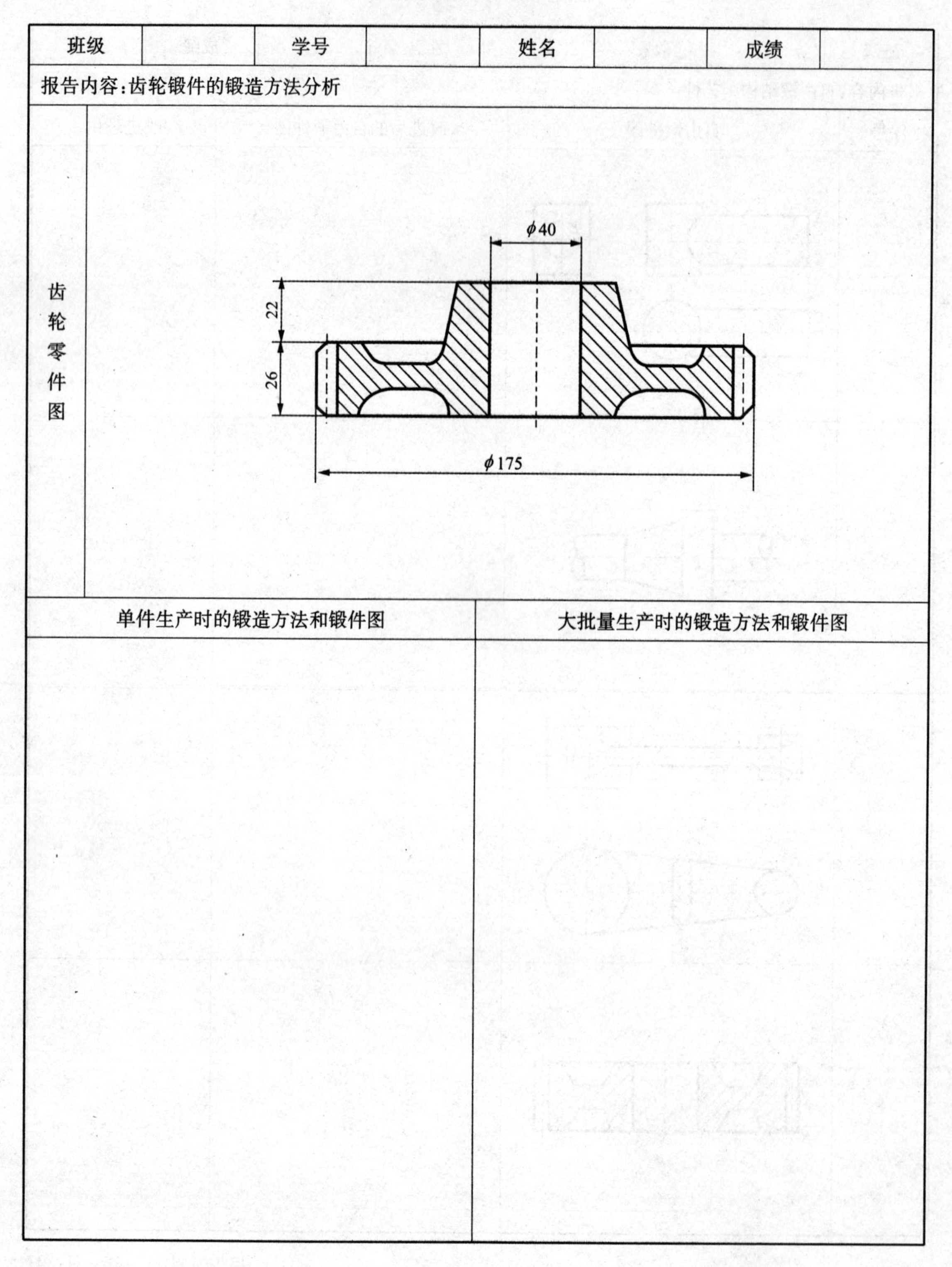

班级		学号		姓名		成绩	
报告内容:齿轮锻件的锻造方法分析							
齿轮零件图							
单件生产时的锻造方法和锻件图				大批量生产时的锻造方法和锻件图			

报告时间:　　年　月　日

4 冲压成形

冲压成形实习报告(1)

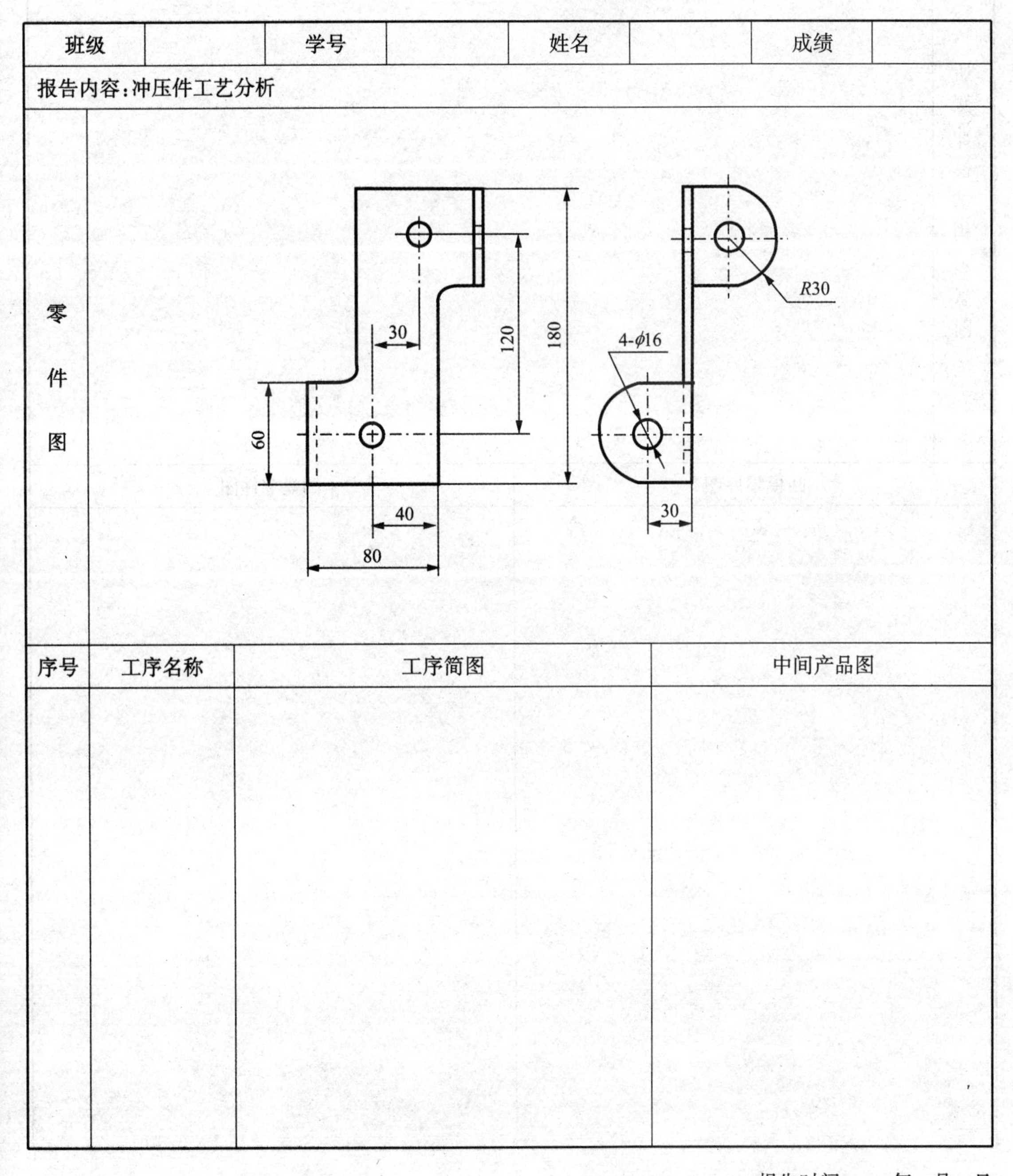

班级		学号		姓名		成绩	
报告内容:冲压件工艺分析							
零件图							

序号	工序名称	工序简图	中间产品图

报告时间:　　年　月　日

冲压成形实习报告(2)

<table>
<tr><td>班级</td><td></td><td>学号</td><td></td><td>姓名</td><td></td><td>成绩</td><td></td></tr>
<tr><td colspan="8">报告内容:冲模结构测绘</td></tr>
<tr><td>所测冲模结构示意图</td><td colspan="7"></td></tr>
<tr><td colspan="4">凸模零件图</td><td colspan="4">凹模零件图</td></tr>
<tr><td colspan="4"></td><td colspan="4"></td></tr>
</table>

报告时间： 年 月 日

5　注塑成形

注塑成形实习报告(1)

<table>
<tr><td>班级</td><td></td><td>学号</td><td></td><td>姓名</td><td></td><td>成绩</td><td></td></tr>
<tr><td colspan="8">报告内容:注塑模分型面设计</td></tr>
<tr><td>序号</td><td colspan="4">分型面设计方案</td><td colspan="3">合理方案编号及选择理由</td></tr>
<tr><td>1</td><td colspan="4"> 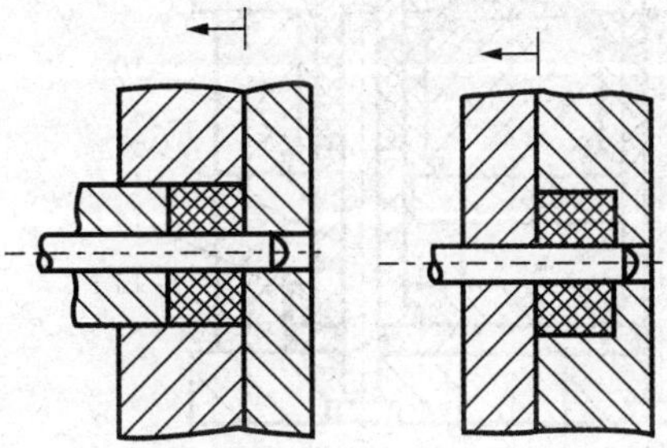(a)　(b)</td><td colspan="3"></td></tr>
<tr><td>2</td><td colspan="4"> 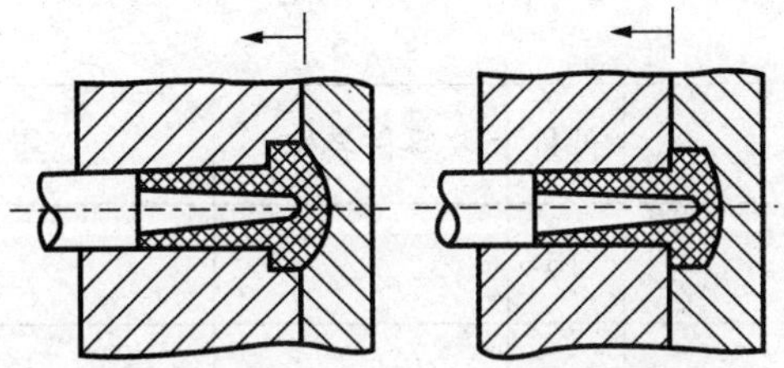(a)　(b)</td><td colspan="3"></td></tr>
<tr><td>3</td><td colspan="4"> 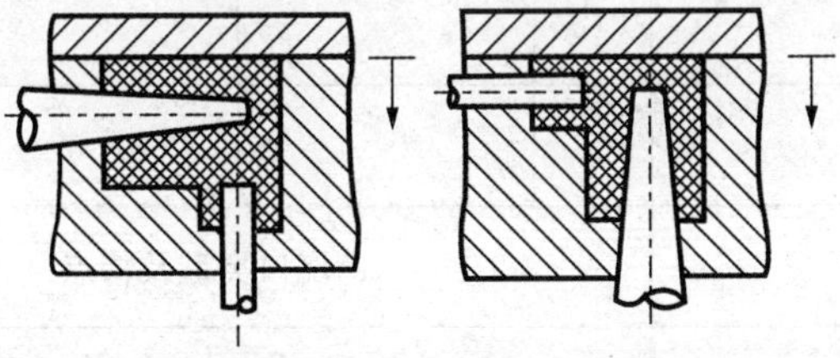(a)　(b)</td><td colspan="3"></td></tr>
<tr><td>4</td><td colspan="4"> 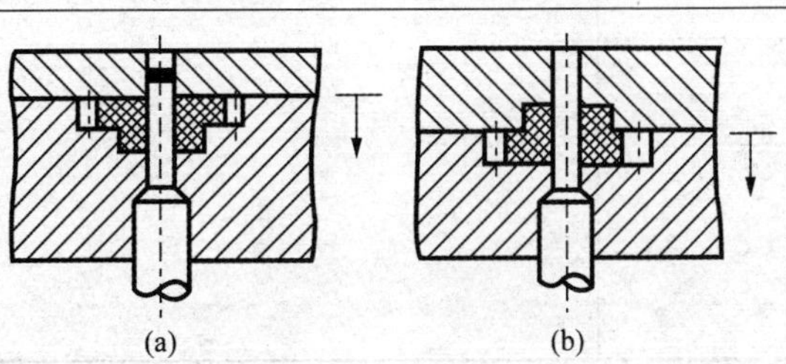(a)　(b)</td><td colspan="3"></td></tr>
</table>

报告时间:　　年　月　日

注塑成形实习报告(2)

班级		学号		姓名		成绩	
报告内容:注塑模结构分析 1							
注塑模具结构示意图							

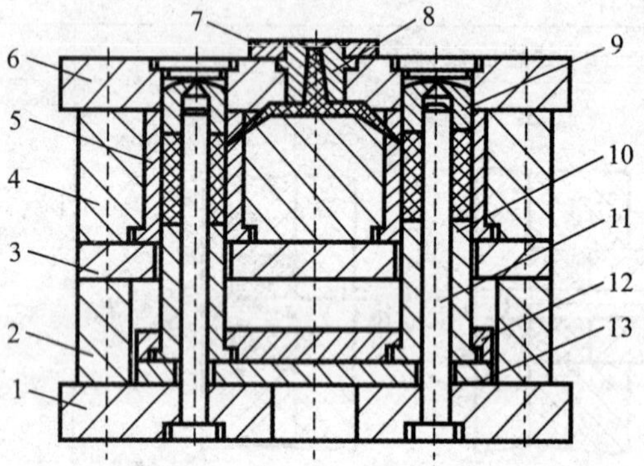

件号	零件名称	零件作用	件号	零件名称	零件作用
1			10		
2			11		
3			12		
4			13		
5			浇口类型及特点		
6					
7					
8					
9					

报告时间： 年 月 日

注塑成形实习报告(3)

班级		学号		姓名		成绩	
报告内容:注塑模结构分析 2							
注塑模具结构示意图							

件号	零件名称	零件作用	件号	零件名称	零件作用
1			10		
2			11		
3			12		
4			13		
5			脱模结构类型及特点		
6					
7					
8					
9					

报告时间：　　年　月　日

注塑成形实习报告(4)

班级		学号		姓名		成绩	
报告内容:注塑制品缺陷分析							

序号	缺陷名称	产生的主要原因	改进措施
1	飞边		
2	气泡		
3	焊接痕		
4	脱模困难		
5	变形		
6	裂纹		

报告时间：　　年　月　日

6 焊接成形

焊接成形实习报告(1)

<table>
<tr><td>班级</td><td></td><td>学号</td><td></td><td>姓名</td><td></td><td>成绩</td><td></td></tr>
<tr><td colspan="8">报告内容:手工电弧焊工艺分析</td></tr>
<tr><td rowspan="2">焊机
型号</td><td rowspan="2"></td><td rowspan="2">焊条
牌号</td><td rowspan="2"></td><td rowspan="2">工件</td><td>材料</td><td colspan="2"></td></tr>
<tr><td>厚度</td><td colspan="2"></td></tr>
<tr><td colspan="8">手工电弧焊电源电气接线图
+ 焊接电缆
接电网 手工电弧焊机 焊条
−
工件</td></tr>
<tr><td colspan="8">焊接接头坡口图
1~6
0~2</td></tr>
<tr><td colspan="8">焊接参数</td></tr>
<tr><td colspan="2">焊接电流 1</td><td></td><td>焊接电流 2</td><td></td><td>焊接电流 3</td><td colspan="2"></td></tr>
<tr><td rowspan="5">不同参数焊接的结果分析</td><td>电弧稳定性</td><td colspan="6"></td></tr>
<tr><td>焊缝外观成形</td><td colspan="6"></td></tr>
<tr><td>焊透与咬边</td><td colspan="6"></td></tr>
<tr><td>焊缝中的气孔</td><td colspan="6"></td></tr>
<tr><td>飞溅</td><td colspan="6"></td></tr>
<tr><td colspan="8">备注</td></tr>
</table>

报告时间: 年 月 日

焊接成形实习报告(2)

班级		学号		姓名		成绩	
报告内容：CO_2 焊工艺分析							

焊机型号		焊丝	牌号		工件	材料	
			直径			厚度	

CO_2 电路与气路连接图

1-焊接电源；2-导电嘴；3-喷嘴；4-送丝软管；
5-送丝滚轮；6-焊丝盘；7-CO_2气瓶；8-减压器；9-流量计

焊接参数	焊接电流 1		焊接电流 2		焊接电流 3	
	电弧电压 1		电弧电压 2		电弧电压 3	
	气体流量 1		气体流量 2		气体流量 3	

不同参数焊接的结果分析		
	电弧稳定性	
	焊缝外观成形	
	焊透与咬边	
	焊缝中的气孔	
	飞溅	

备注	

报告时间：　　年　月　日

焊接成形实习报告(3)

班级		学号		姓名		成绩	
报告内容:钨极氩弧焊工艺分析							

焊机型号		钨极	牌号		工件	材料	
			直径			厚度	

钨极氩弧焊电路与气路连接图

流量计
减压阀
氩气瓶
气路
焊接电缆
−
钨极氩弧焊机
接电网
+
焊炬
钨极
工件

焊接参数	焊接电流 1		焊接电流 2		焊接电流 3	
	电弧电压 1		电弧电压 2		电弧电压 3	
	氩气流量 1		氩气流量 2		氩气流量 3	

不同参数焊接的结果分析	电弧稳定性	
	焊缝外观成形	
	焊透与咬边	
	钨极烧损速度	
	工件表面的氧化	
	引弧成功率	

备注

报告时间：　　年　月　日

焊接成形实习报告(4)

班级		学号		姓名		成绩	
报告内容:点焊工艺分析							

焊机型号		工件	材料	
			厚度	

点焊原理简图

1-电极;2-工件;3-焊接电源

1-电极;2-熔核;3-工件

焊接参数						
预压时间 1		预压时间 2		预压时间 3		
焊接电流 1		焊接电流 2		焊接电流 3		
焊接时间 1		焊接时间 2		焊接时间 3		
保压时间 1		保压时间 2		保压时间 3		
电极压力 1		电极压力 2		电极压力 3		

不同参数焊接的结果分析	
焊点直径	
压坑深度	
焊透与咬边	
焊点表面氧化	
飞溅	

备注

报告时间:　　年　月　日

焊接成形实习报告(5)

班级		学号		姓名		成绩	
报告内容：缝焊工艺分析							

焊机型号		工件	材料	
			厚度	

缝焊原理简图

1-电极；2-工件；3-焊接电源

焊接参数	焊接电流 1		焊接电流 2		焊接电流 3	
	焊接速度 1		焊接速度 2		焊接速度 3	
	电极压力 1		电极压力 2		电极压力 3	

不同参数焊接的结果分析	焊缝宽度	
	压坑深度	
	焊点表面氧化	
	飞溅	

备注

报告时间：　　年　月　日

焊接成形实习报告(6)

班级		学号		姓名		成绩	

报告内容:埋弧焊工艺分析

焊机型号		焊剂牌号		焊丝	牌号		工件	材料	
					直径			厚度	

埋弧焊电源电气接线图

焊丝
焊丝盘
焊接电缆
+
导丝电嘴
接电网
埋弧焊电源
−
工件

焊接规范	焊接电流 1		焊接电流 2		焊接电流 3	
	电弧电压 1		电弧电压 2		电弧电压 3	

不同参数焊接的结果分析	焊缝外观成形	
	焊透与咬边	
	焊缝深度	
	焊缝宽度	
	焊缝中的气孔	

备注

报告时间： 年 月 日

焊接成形实习报告(7)

班级		学号		姓名		成绩	
报告内容:脉冲钨极氩弧焊工艺分析							

焊机型号		钨极	牌号		工件	材料	
			直径			厚度	

脉冲钨极氩弧焊电路与气路连接图

流量计
减压阀
氩气瓶
气路
焊接电缆
−
接电网
钨极氩弧焊机
+
焊炬
钨极
工件

焊接参数	焊接电流 1		焊接电流 2		焊接电流 3	
	基值电流 1		基值电流 2		基值电流 3	
	脉冲频率 1		脉冲频率 2		脉冲频率 3	
	占空比 1		占空比 2		占空比 3	
	氩气流量 1		氩气流量 2		氩气流量 3	

不同参数焊接的结果分析	电弧稳定性	
	焊缝外观成形	
	焊透与咬边	
	焊缝中的气孔	
	飞溅	
	钨极烧损	
	引弧成功率	

备注

报告时间: 年 月 日

焊接成形实习报告(8)

班级		学号		姓名		成绩	

报告内容：CO_2 电弧焊的焊接参数优化

焊机型号		焊丝	牌号		工件	材料	
			直径			厚度	

CO_2 电弧焊电路与气路连接图

1-焊接电源；2-导电嘴；3-喷嘴；4-送丝软管；
5-送丝滚轮；6-焊丝盘；7-CO_2气瓶；8-减压器；9-流量计

焊接参数	焊接电流 1		焊接电流 2		焊接电流 3	
	电弧电压 1		电弧电压 2		电弧电压 3	
	气体流量 1		气体流量 2		气体流量 3	
	焊接电流 4		焊接电流 5		焊接电流 6	
	电弧电压 4		电弧电压 5		电弧电压 6	
	气体流量 4		气体流量 5		气体流量 6	

不同参数焊接的结果分析	电弧稳定性	
	焊透外观成形	
	焊透与咬边	
	焊缝中的气孔	
	飞溅	
	焊接最佳参数	

备注

报告时间：　　年　月　日

焊接成形实习报告(9)

<table>
<tr><td>班级</td><td></td><td>学号</td><td></td><td>姓名</td><td></td><td>成绩</td><td></td></tr>
<tr><td colspan="8">报告内容:手工电弧焊的焊接参数的选择优化</td></tr>
<tr><td rowspan="2">焊机
型号</td><td rowspan="2"></td><td rowspan="2">焊条</td><td>牌号</td><td></td><td rowspan="2">工件</td><td>材料</td><td></td></tr>
<tr><td>直径</td><td></td><td>厚度</td><td></td></tr>
<tr><td colspan="8">手工电弧焊电路连接图
接电网
手工电弧焊机
+
焊接电缆
焊条
−
工件</td></tr>
<tr><td colspan="8">焊接接口坡口图
1~6
0~2</td></tr>
<tr><td rowspan="2">焊接参数</td><td>焊接电流 1</td><td></td><td>焊接电流 2</td><td></td><td>焊接电流 3</td><td colspan="2"></td></tr>
<tr><td>焊接电流 4</td><td></td><td>焊接电流 5</td><td></td><td>焊接电流 6</td><td colspan="2"></td></tr>
<tr><td rowspan="6">不同参数焊接的结果分析</td><td>电弧稳定性</td><td colspan="6"></td></tr>
<tr><td>焊透外观成形</td><td colspan="6"></td></tr>
<tr><td>焊透与咬边</td><td colspan="6"></td></tr>
<tr><td>焊缝中的气孔</td><td colspan="6"></td></tr>
<tr><td>飞溅</td><td colspan="6"></td></tr>
<tr><td>焊接最佳参数</td><td colspan="6"></td></tr>
<tr><td colspan="8">备注</td></tr>
</table>

报告时间: 年 月 日

7　快速成形(RP)

快速成形实习报告(1)

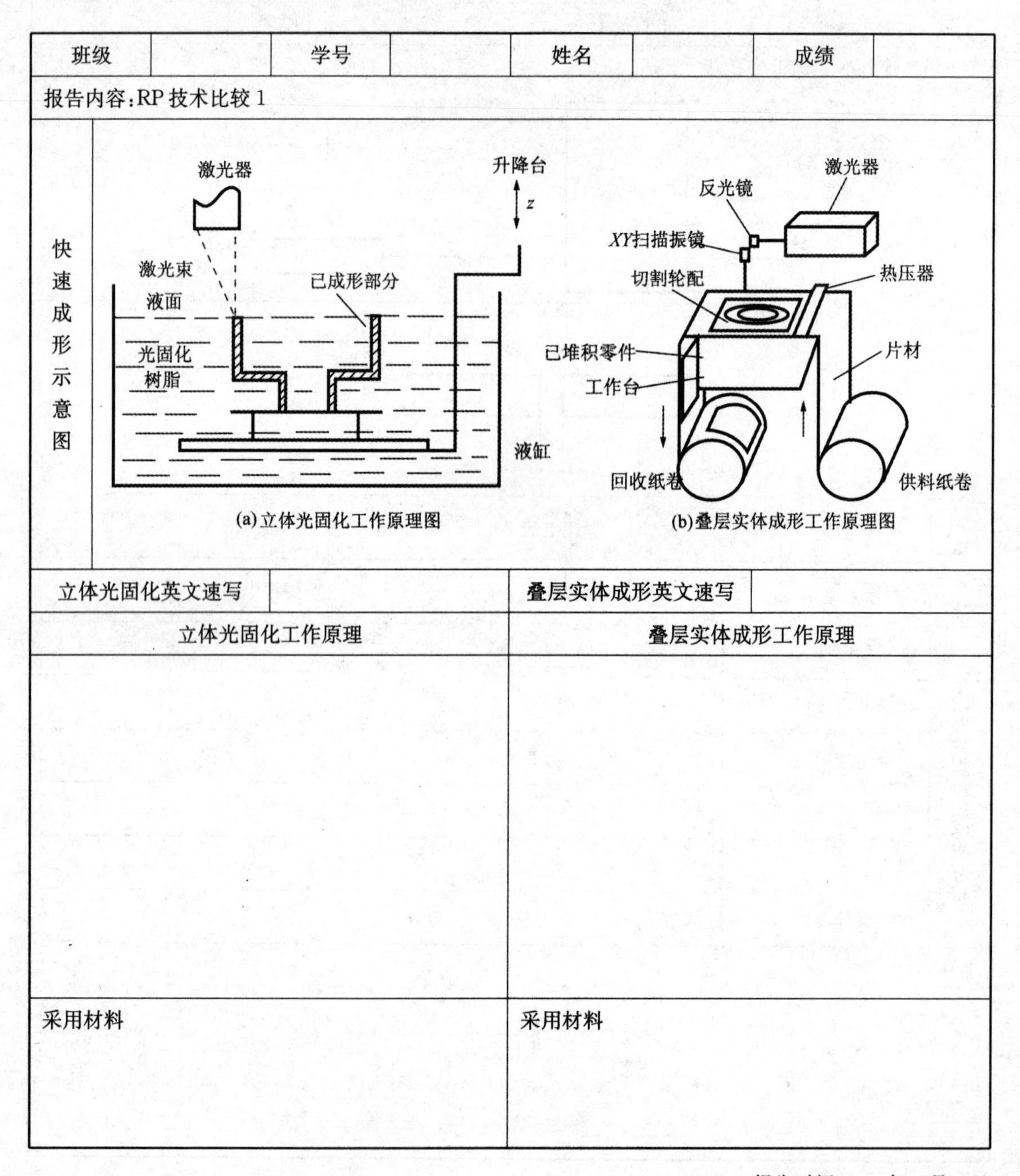

班级		学号		姓名		成绩	
报告内容:RP 技术比较 1							
快速成形示意图							
立体光固化英文速写				叠层实体成形英文速写			
立体光固化工作原理				叠层实体成形工作原理			
采用材料				采用材料			

(a)立体光固化工作原理图

(b)叠层实体成形工作原理图

报告时间：　　年　月　日

快速成形实习报告(2)

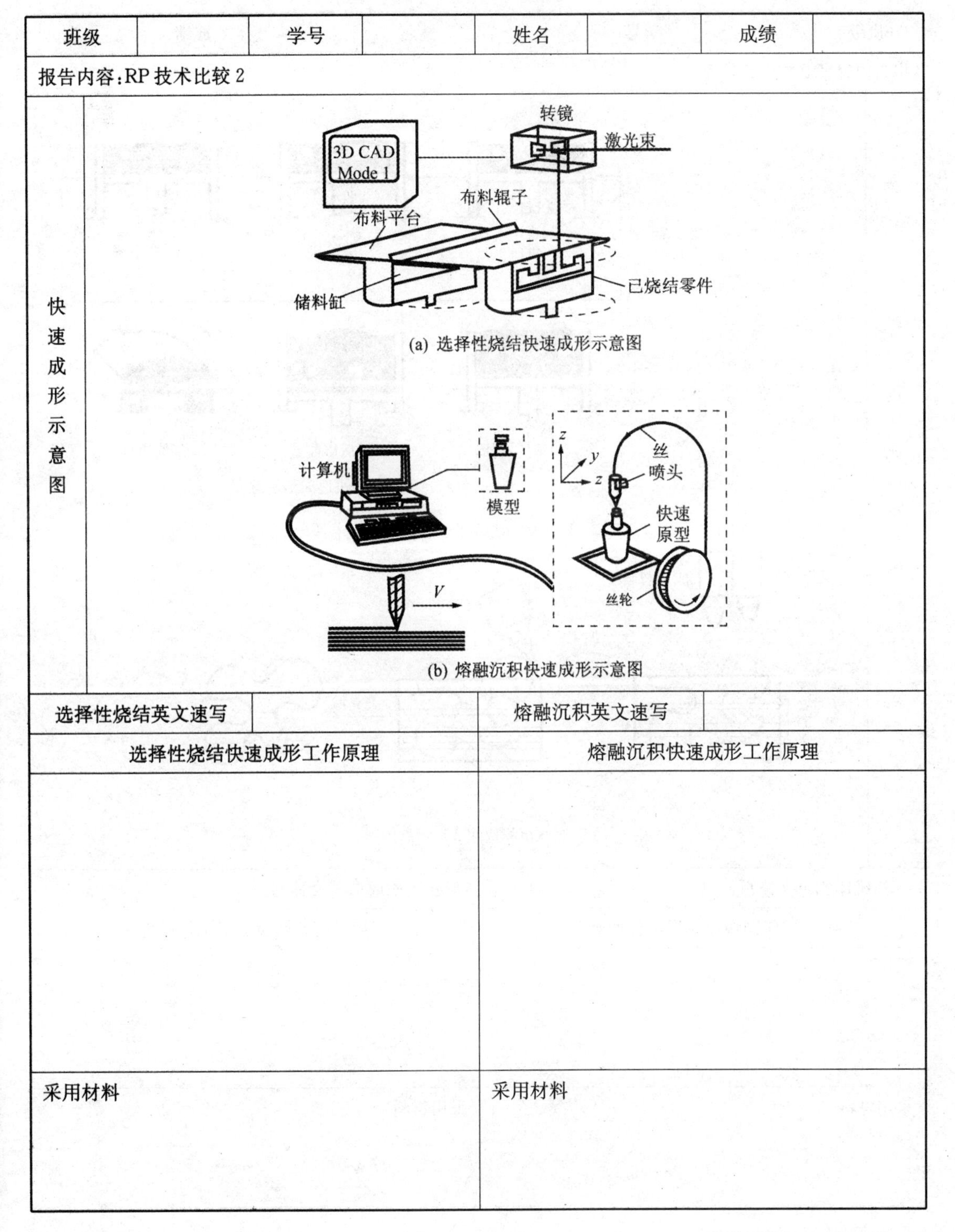

班级		学号		姓名		成绩	
报告内容:RP 技术比较 2							
快速成形示意图	(a) 选择性烧结快速成形示意图 (b) 熔融沉积快速成形示意图						
选择性烧结英文速写				熔融沉积英文速写			
选择性烧结快速成形工作原理				熔融沉积快速成形工作原理			
采用材料				采用材料			

(a) 选择性烧结快速成形示意图

(b) 熔融沉积快速成形示意图

报告时间:　　年　月　日

快速成形实习报告(3)

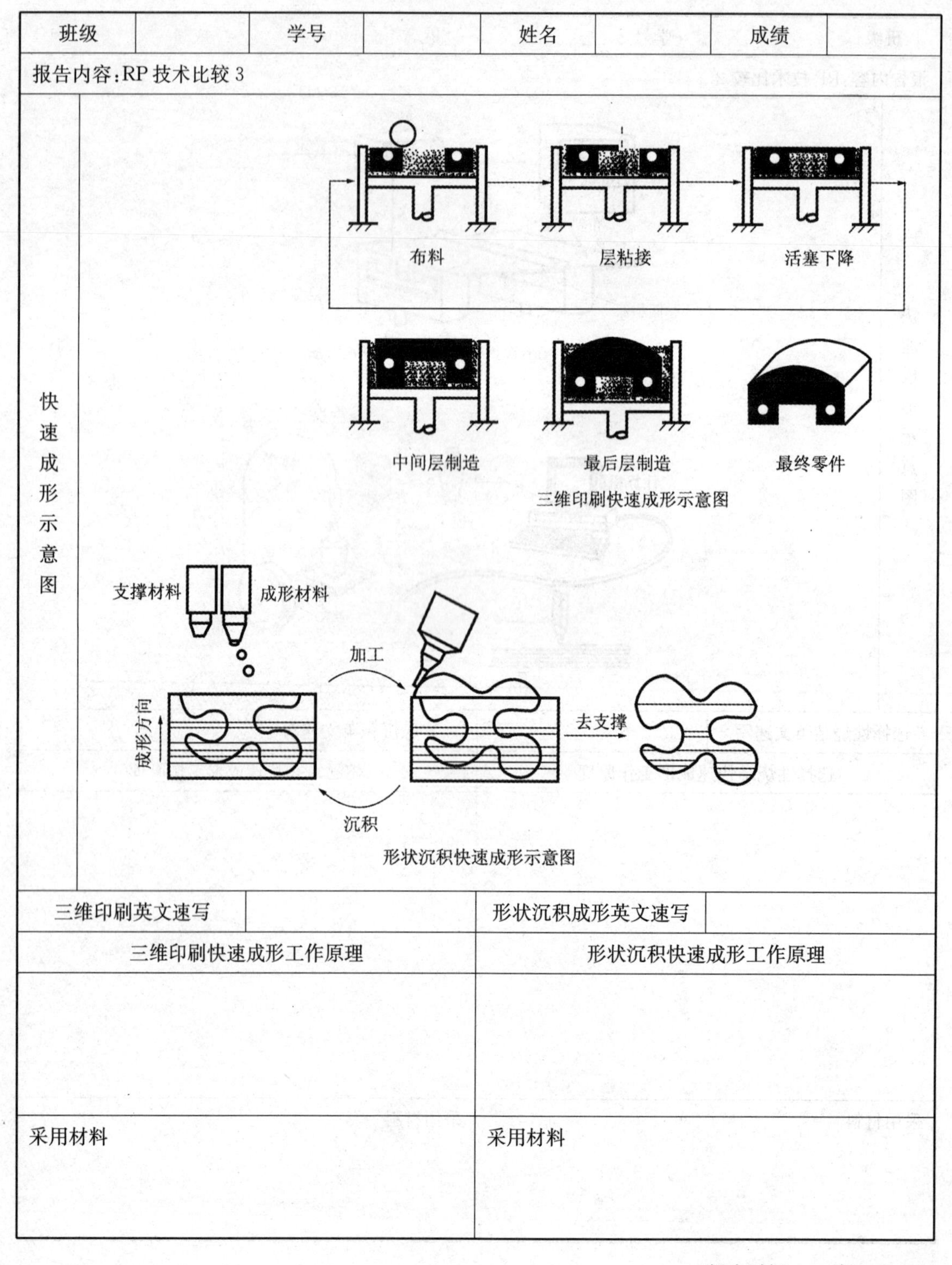

班级		学号		姓名		成绩	

报告内容:RP 技术比较 3

快速成形示意图

三维印刷快速成形示意图

形状沉积快速成形示意图

三维印刷英文速写		形状沉积成形英文速写	

三维印刷快速成形工作原理	形状沉积快速成形工作原理
采用材料	采用材料

报告时间： 年 月 日

快速成形实习报告(4)

班级		学号		姓名		成绩	
报告内容:FDM 软件预处理 1							
材料		应用软件		成形设备			
零件图	ZPAGECOVB-MM y X. X +-0.1 X. XX +-0.03 X. XXX +-0.010 ANG +-0.5						

处理步骤

工序	进行何种操作	目的

FDM 快速成形的基本原理

在进行软件预处理的过程中,几项可节省材料且保证质量的措施

报告时间: 年 月 日

快速成形实习报告(5)

班级		学号		姓名		成绩	
报告内容：FDM 软件预处理 2							
材料		应用软件		成形设备			

零件图

ZPAGECOVB-MM

X. X +-0.1
X. XX +-0.03
X. XXX +-0.010
ANG +-0.5

处理步骤

工序	进行何种操作	目的

FDM 快速成形的基本原理

在进行软件预处理的过程中，几项可节省材料且保证质量的措施

报告时间：　　年　月　日

快速成形实习报告(6)

<table>
<tr><td>班级</td><td></td><td>学号</td><td></td><td>姓名</td><td></td><td>成绩</td><td></td></tr>
<tr><td colspan="8">报告内容:FDM 软件预处理 3</td></tr>
<tr><td>材料</td><td></td><td>应用软件</td><td></td><td>成形设备</td><td colspan="3"></td></tr>
<tr><td>零件图</td><td colspan="7">HORSE-DOW
X. X +-0.1
X. XX +-0.03
X. XXX +-0.010
ANG +-0.5</td></tr>
<tr><td colspan="8">处理步骤</td></tr>
<tr><td colspan="2">工序</td><td colspan="3">进行何种操作</td><td colspan="3">目的</td></tr>
<tr><td colspan="2"></td><td colspan="3"></td><td colspan="3"></td></tr>
<tr><td colspan="8">FDM 快速成形的基本原理</td></tr>
<tr><td colspan="8">在进行软件预处理的过程中,几项可节省材料且保证质量的措施</td></tr>
</table>

报告时间: 年 月 日

快速成形实习报告(7)

<table>
<tr><td>班级</td><td></td><td>学号</td><td></td><td>姓名</td><td></td><td>成绩</td><td></td></tr>
<tr><td colspan="8">报告内容:FDM 软件预处理 4</td></tr>
<tr><td>材料</td><td></td><td>应用软件</td><td></td><td>成形设备</td><td colspan="3"></td></tr>
<tr><td>零件图</td><td colspan="7">X. X +-0.1
X. XX +-0.03
X. XXX +-0.010
ANG +-0.5</td></tr>
</table>

<table>
<tr><td colspan="3">处理步骤</td></tr>
<tr><td>工序</td><td>进行何种操作</td><td>目的</td></tr>
<tr><td></td><td></td><td></td></tr>
<tr><td colspan="3">FDM 快速成形的基本原理</td></tr>
<tr><td colspan="3">在进行软件预处理的过程中,几项可节省材料且保证质量的措施</td></tr>
</table>

报告时间: 年 月 日

快速成形实习报告(8)

班级		学号		姓名		成绩	
报告内容：FDM软件预处理5							
材料		应用软件		成形设备			

零件图

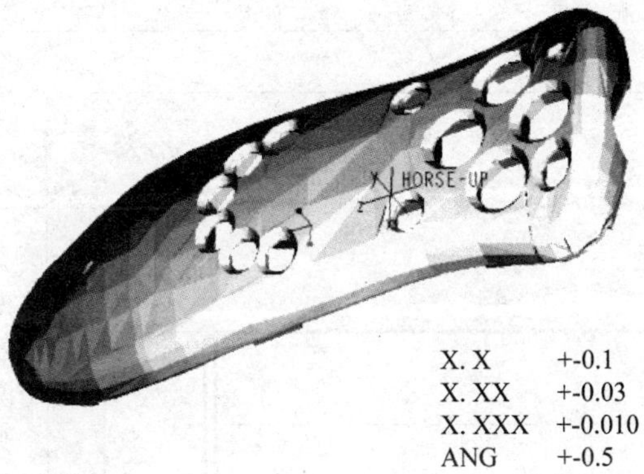

HORSE-UP

X. X　+-0.1
X. XX　+-0.03
X. XXX　+-0.010
ANG　+-0.5

处理步骤

工序	进行何种操作	目的

FDM快速成形的基本原理

在进行软件预处理的过程中，几项可节省材料且保证质量的措施

报告时间：　　年　月　日

8 车削加工

车削加工实习报告(1)

<table>
<tr><td>班级</td><td></td><td>学号</td><td></td><td>姓名</td><td></td><td>成绩</td><td></td></tr>
<tr><td colspan="8">报告内容:光轴车削工艺</td></tr>
</table>

<table>
<tr><td rowspan="3">零
件
图</td><td rowspan="3">其余 6.4
2×1×45°
3.2
$\phi30^{+0.2}_{-0}$
100</td><td rowspan="3">工
艺
说
明</td><td>1. 毛坯种类和材料</td></tr>
<tr><td>2. 安装方法</td></tr>
<tr><td>3. 其他</td></tr>
</table>

序号	工序内容	工艺简图	备注

报告时间:　　年　月　日

车削加工实习报告(2)

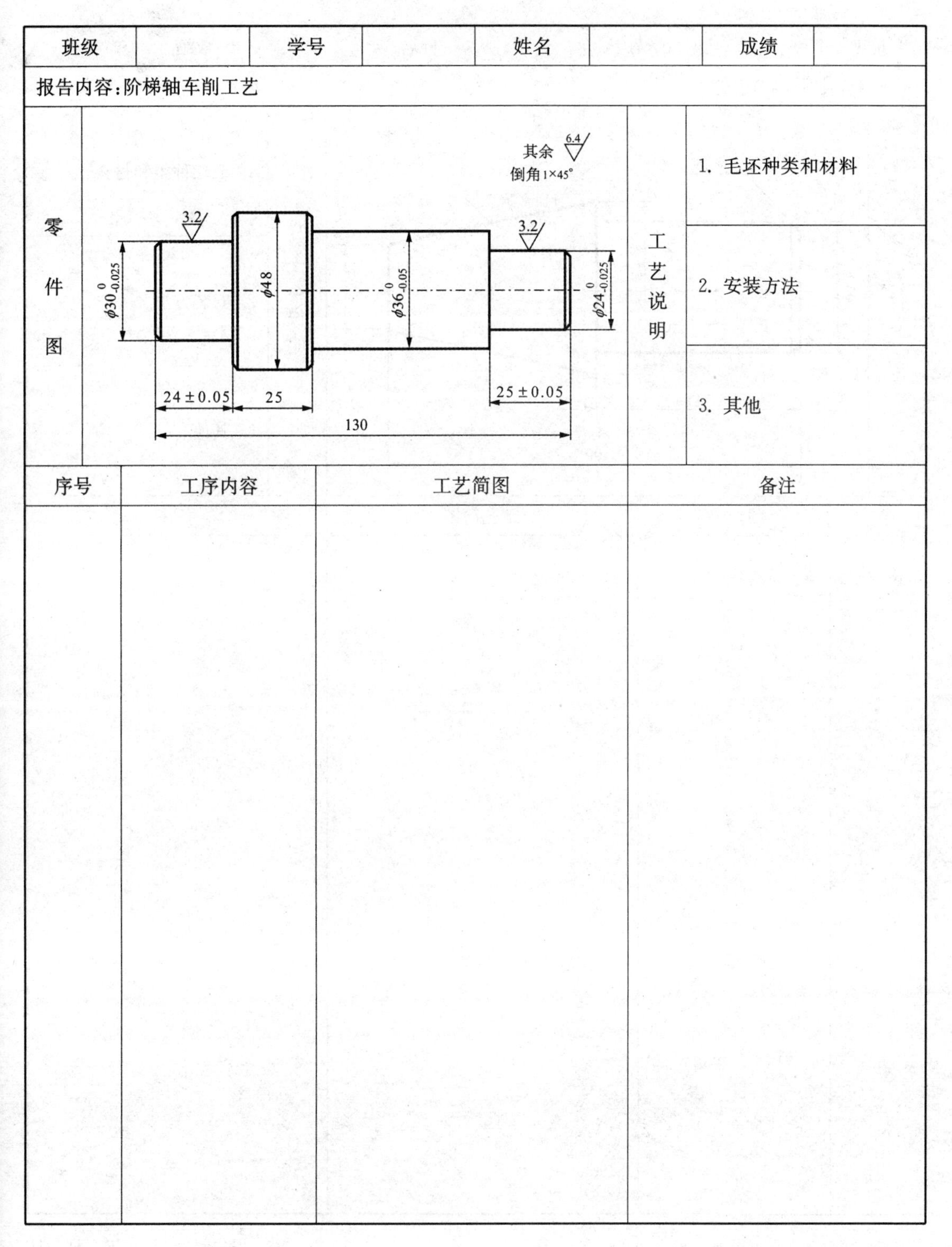

班级		学号		姓名		成绩	
报告内容:阶梯轴车削工艺							
零件图	(零件图)				工艺说明	1. 毛坯种类和材料 2. 安装方法 3. 其他	
序号	工序内容	工艺简图			备注		

报告时间：　　年　月　日

车削加工实习报告(3)

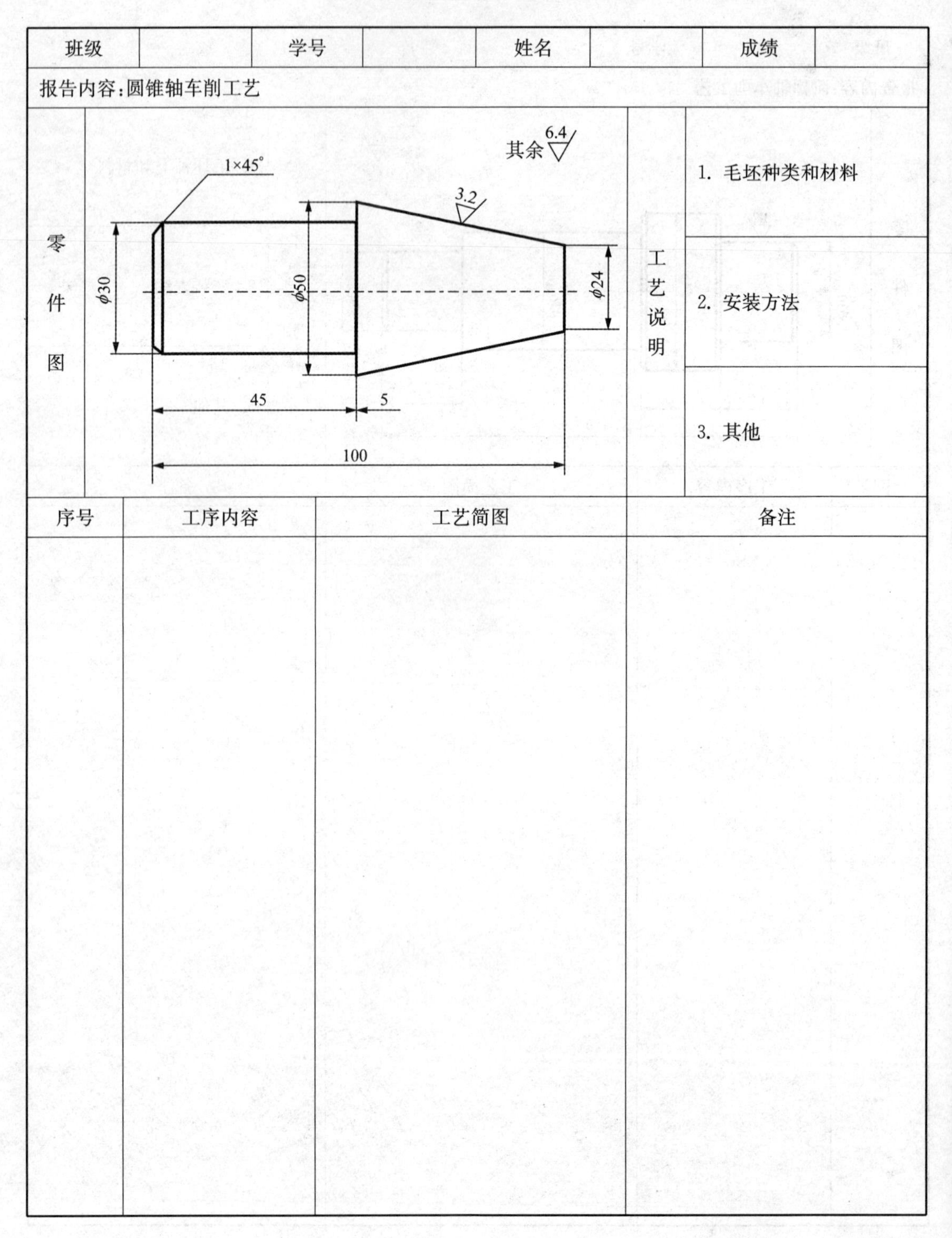

班级		学号		姓名		成绩	

报告内容:圆锥轴车削工艺

零件图

工艺说明

1. 毛坯种类和材料

2. 安装方法

3. 其他

序号	工序内容	工艺简图	备注

报告时间: 年 月 日

车削加工实习报告(4)

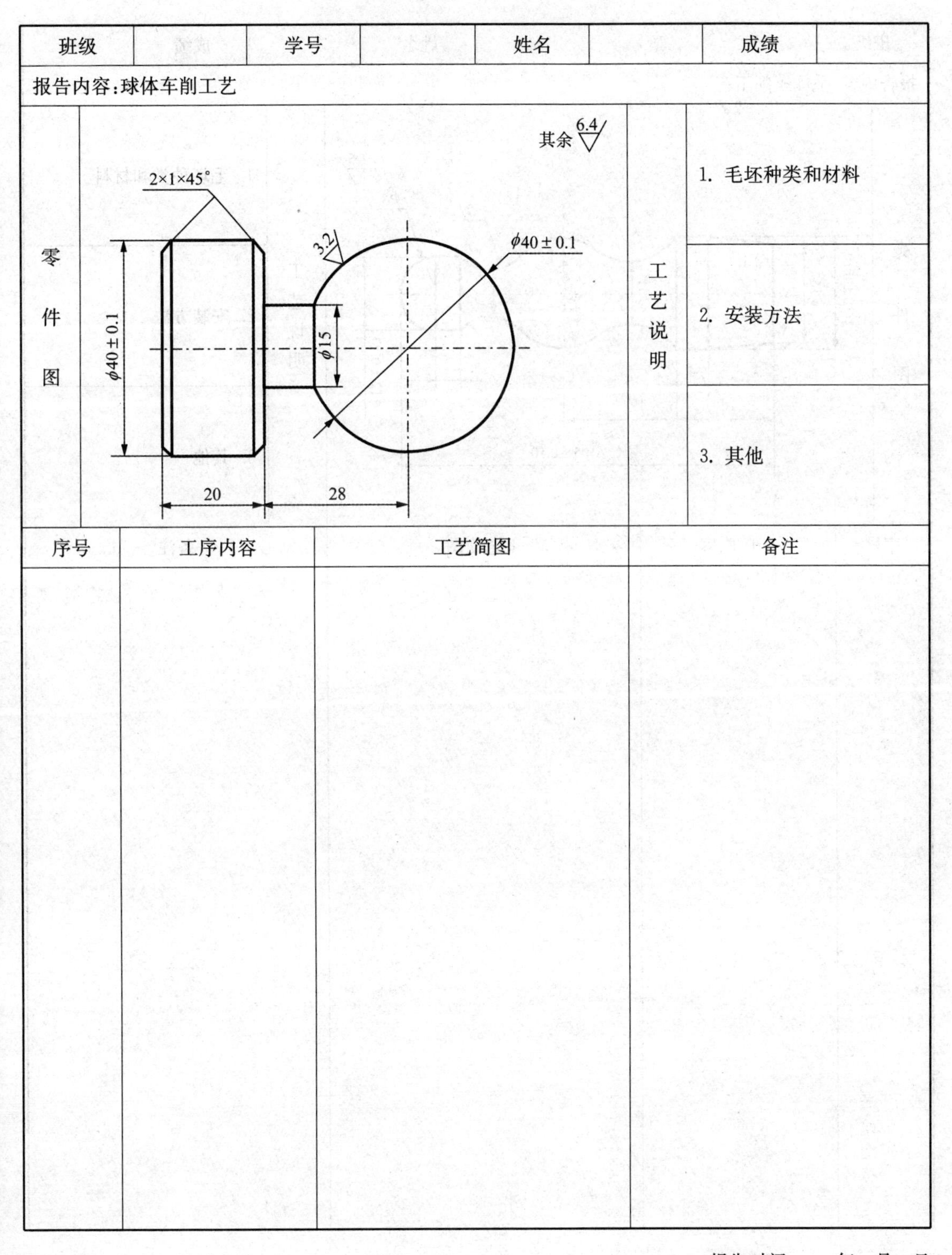

班级		学号		姓名		成绩	

报告内容:球体车削工艺

零件图	工艺说明	
		1. 毛坯种类和材料
		2. 安装方法
		3. 其他

序号	工序内容	工艺简图	备注

报告时间：　　年　月　日

车削加工实习报告(5)

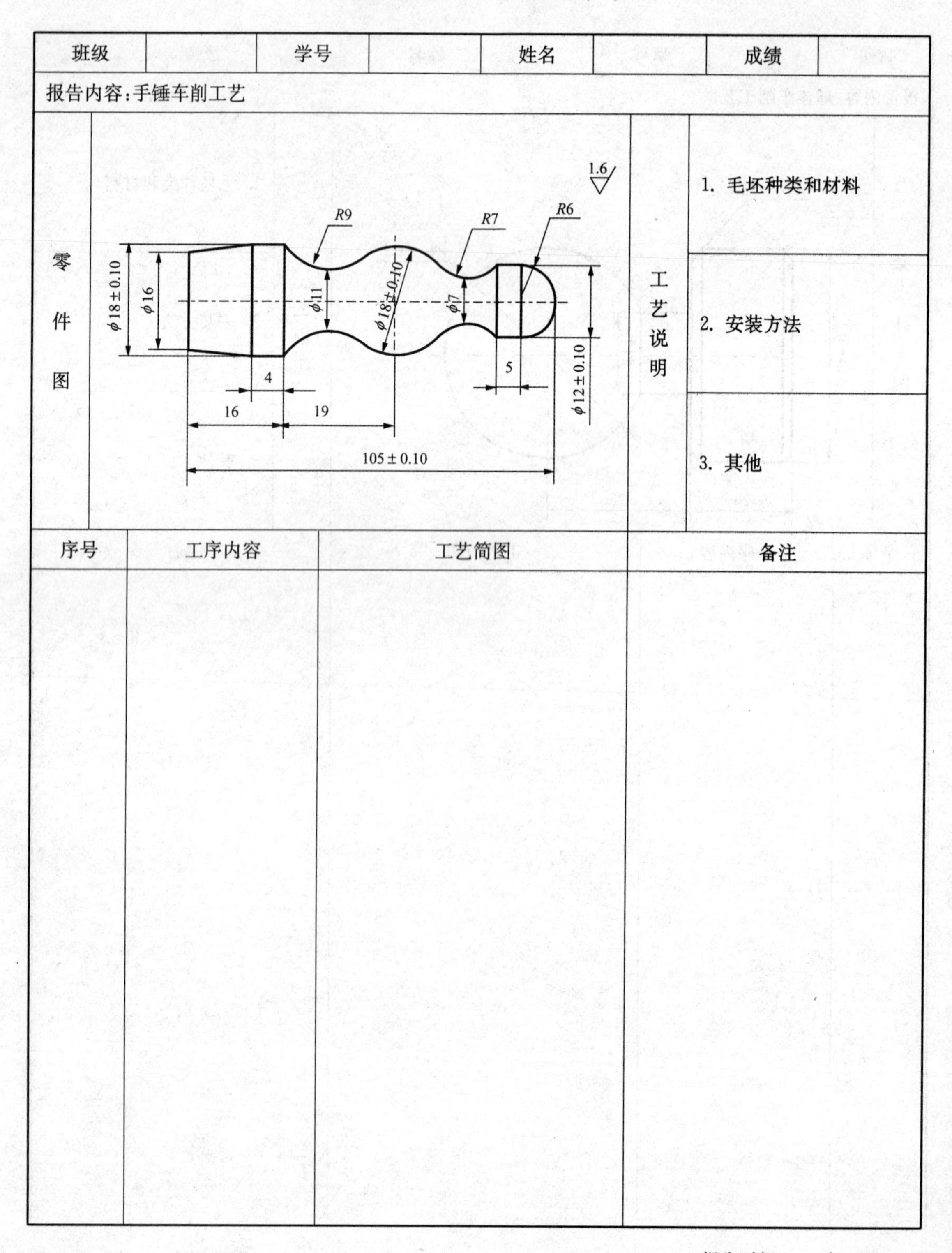

班级		学号		姓名		成绩	

报告内容：手锤车削工艺

零件图		工艺说明	1. 毛坯种类和材料 2. 安装方法 3. 其他

序号	工序内容	工艺简图	备注

报告时间： 年 月 日

车削加工实习报告(6)

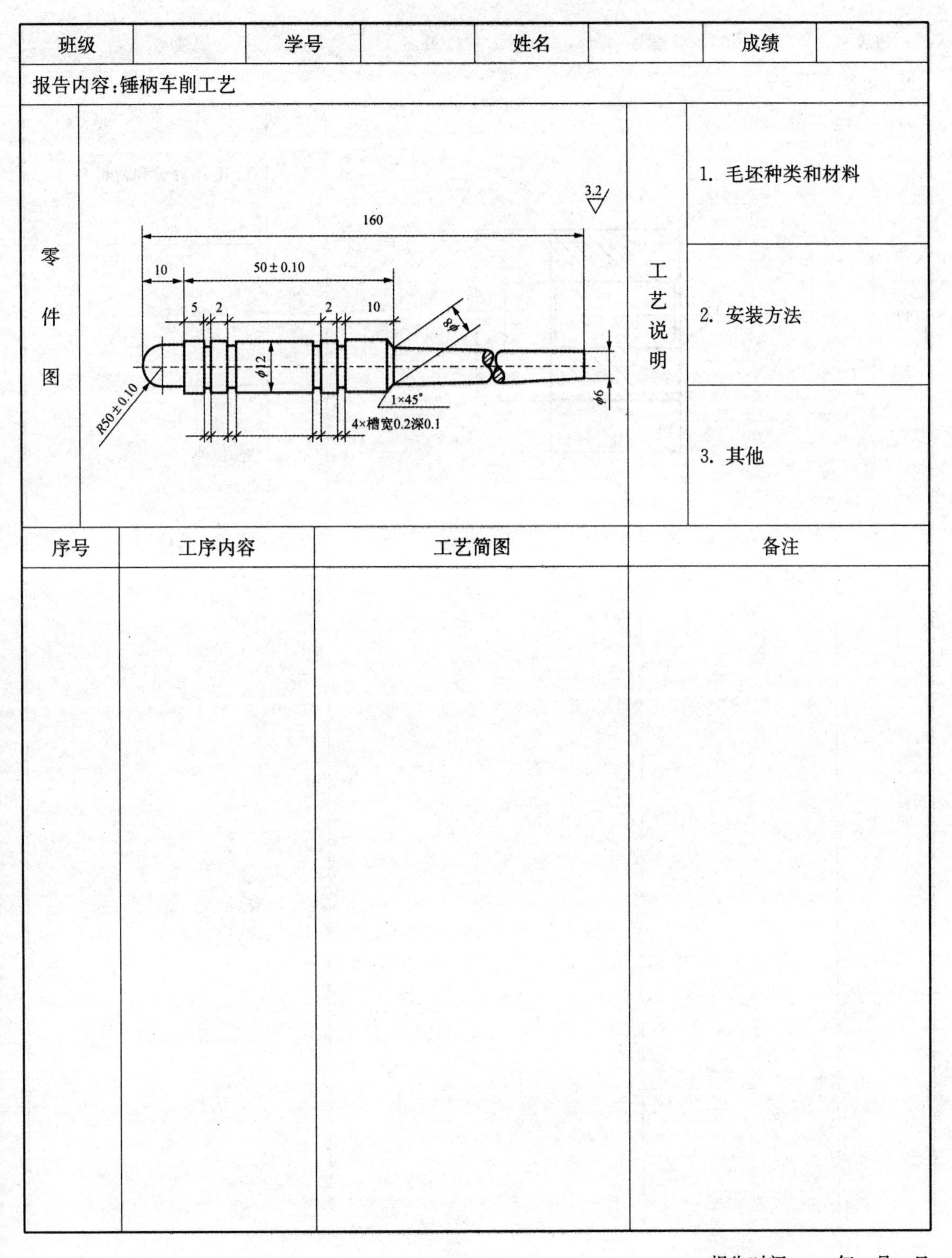

班级		学号		姓名		成绩	

报告内容:锤柄车削工艺

零件图

工艺说明

1. 毛坯种类和材料

2. 安装方法

3. 其他

序号	工序内容	工艺简图	备注

报告时间：　　年　月　日

车削加工实习报告(7)

班级		学号		姓名		成绩	

报告内容:通孔车削工艺

零件图

2×1×45°

其余 3.2

2×1×45°

1.6

$\phi 18^{+0.025}_{0}$

$\phi 48$

36

工艺说明

1. 毛坯种类和材料

2. 安装方法

3. 其他

序号	工序内容	工艺简图	备注

报告时间: 年 月 日

车削加工实习报告(8)

班级		学号		姓名		成绩	

报告内容:阶梯孔车削工艺

零件图	工艺说明	
3.2 未注倒角1.5×45° $20^{+0.05}_{0}$ 20 ± 0.1 $32^{+0.05}_{0}$ $\phi48$ 30		1. 毛坯种类和材料
		2. 安装方法
		3. 其他

序号	工序内容	工艺简图	备注

报告时间:　　年　月　日

车削加工实习报告(9)

<table>
<tr><td>班级</td><td></td><td>学号</td><td></td><td>姓名</td><td></td><td>成绩</td><td></td></tr>
<tr><td colspan="8">报告内容：盲孔车削工艺</td></tr>
<tr><td rowspan="3">零
件
图</td><td rowspan="3" colspan="4">40
30±0.2
3.2
ϕ22±0.1
ϕ48</td><td rowspan="3">工
艺
说
明</td><td colspan="2">1. 毛坯种类和材料</td></tr>
<tr><td colspan="2">2. 安装方法</td></tr>
<tr><td colspan="2">3. 其他</td></tr>
<tr><td>序号</td><td colspan="2">工序内容</td><td colspan="3">工艺简图</td><td colspan="2">备注</td></tr>
<tr><td></td><td colspan="2"></td><td colspan="3"></td><td colspan="2"></td></tr>
</table>

报告时间：　　年　月　日

车削加工实习报告(10)

班级		学号		姓名		成绩	

报告内容:外螺纹车削工艺

零件图		工艺说明	
	3.2 未注倒角1.5×45° 4 $\phi30$ M24 30 60		1. 毛坯种类和材料 2. 安装方法 3. 其他

序号	工序内容	工艺简图	备注

报告时间： 年 月 日

车削加工实习报告(11)

班级		学号		姓名		成绩	
报告内容:内螺纹车削工艺							
零件图	3.2 未注倒角1.5×45° M24 ϕ48 30				工艺说明	1. 毛坯种类和材料 2. 安装方法 3. 其他	

序号	工序内容	工艺简图	备注

报告时间： 年 月 日

车削加工实习报告(12)

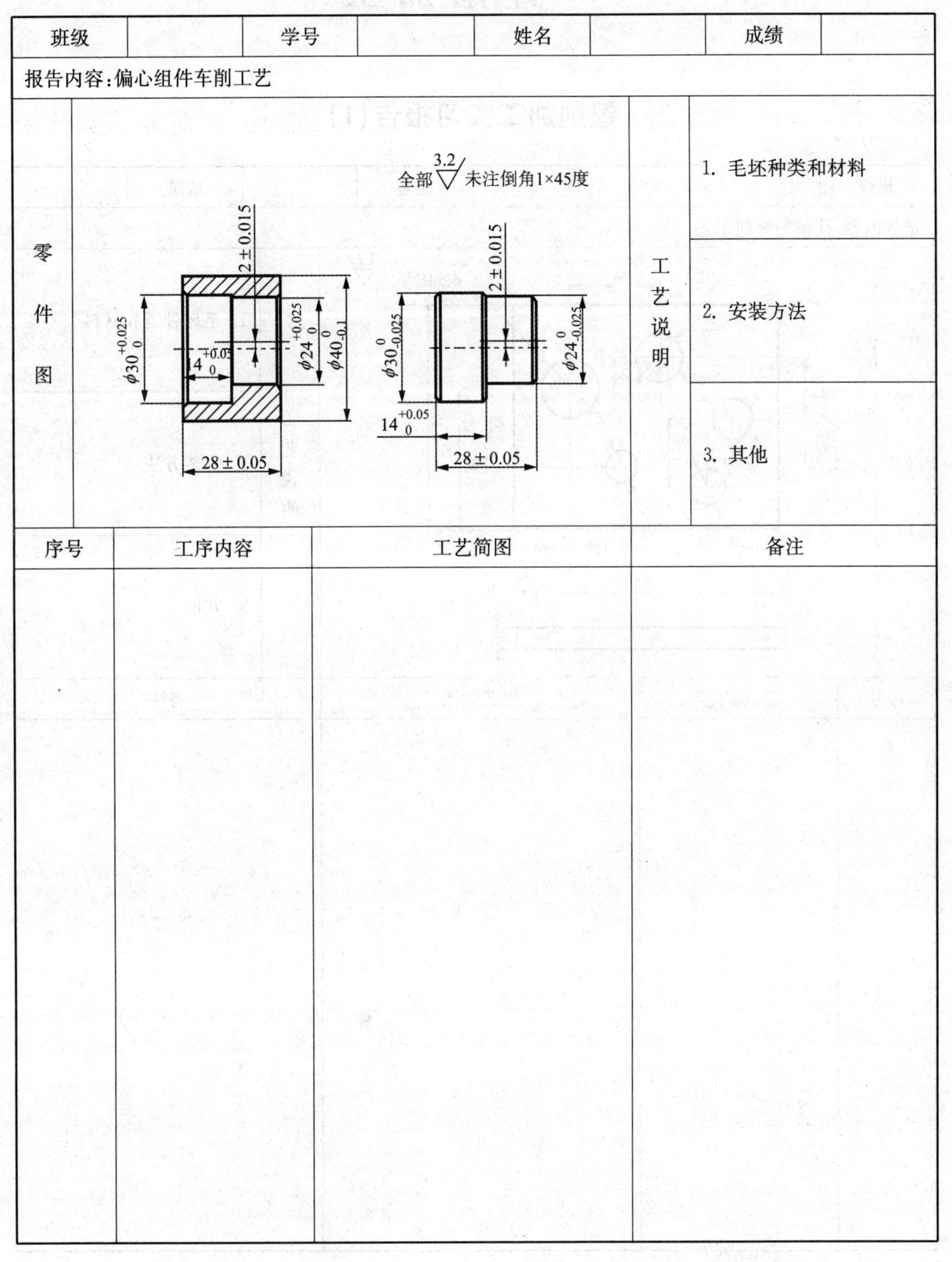

班级		学号		姓名		成绩	
报告内容:偏心组件车削工艺							
零件图	全部 3.2 未注倒角1×45度 2 ± 0.015　$\phi30^{+0.025}_{0}$　$14^{+0.05}_{0}$　$\phi24^{+0.025}_{0}$　$\phi40^{0}_{-0.1}$　28 ± 0.05 2 ± 0.015　$\phi30^{0}_{-0.025}$　$14^{+0.05}_{0}$　$\phi24^{0}_{-0.025}$　28 ± 0.05			工艺说明	1. 毛坯种类和材料 2. 安装方法 3. 其他		

序号	工序内容	工艺简图	备注

报告时间：　　年　月　日

9 镗削加工

镗削加工实习报告(1)

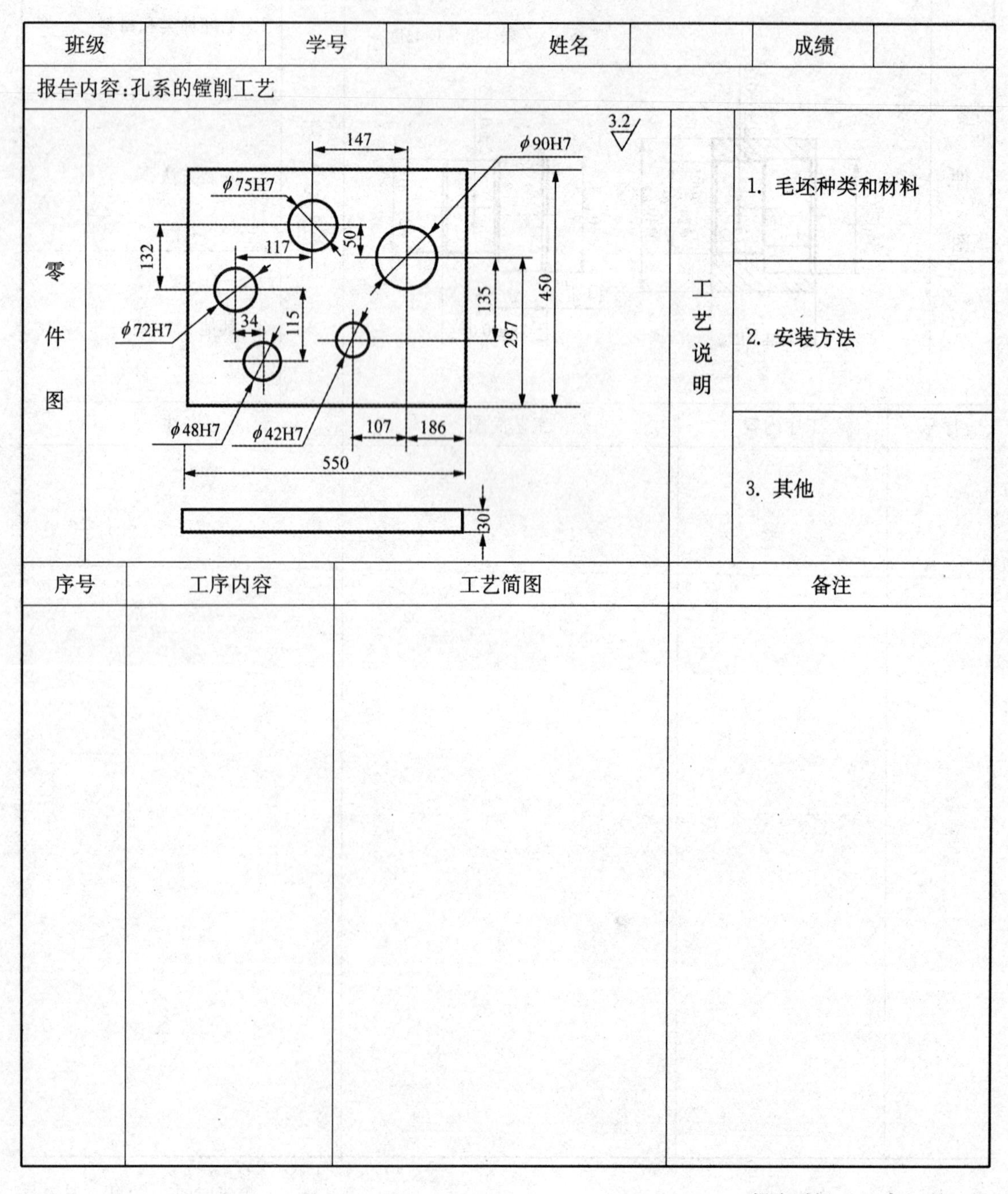

班级		学号		姓名		成绩	
报告内容:孔系的镗削工艺							
零件图				工艺说明	1. 毛坯种类和材料 2. 安装方法 3. 其他		

序号	工序内容	工艺简图	备注

报告时间: 年 月 日

镗削加工实习报告(2)

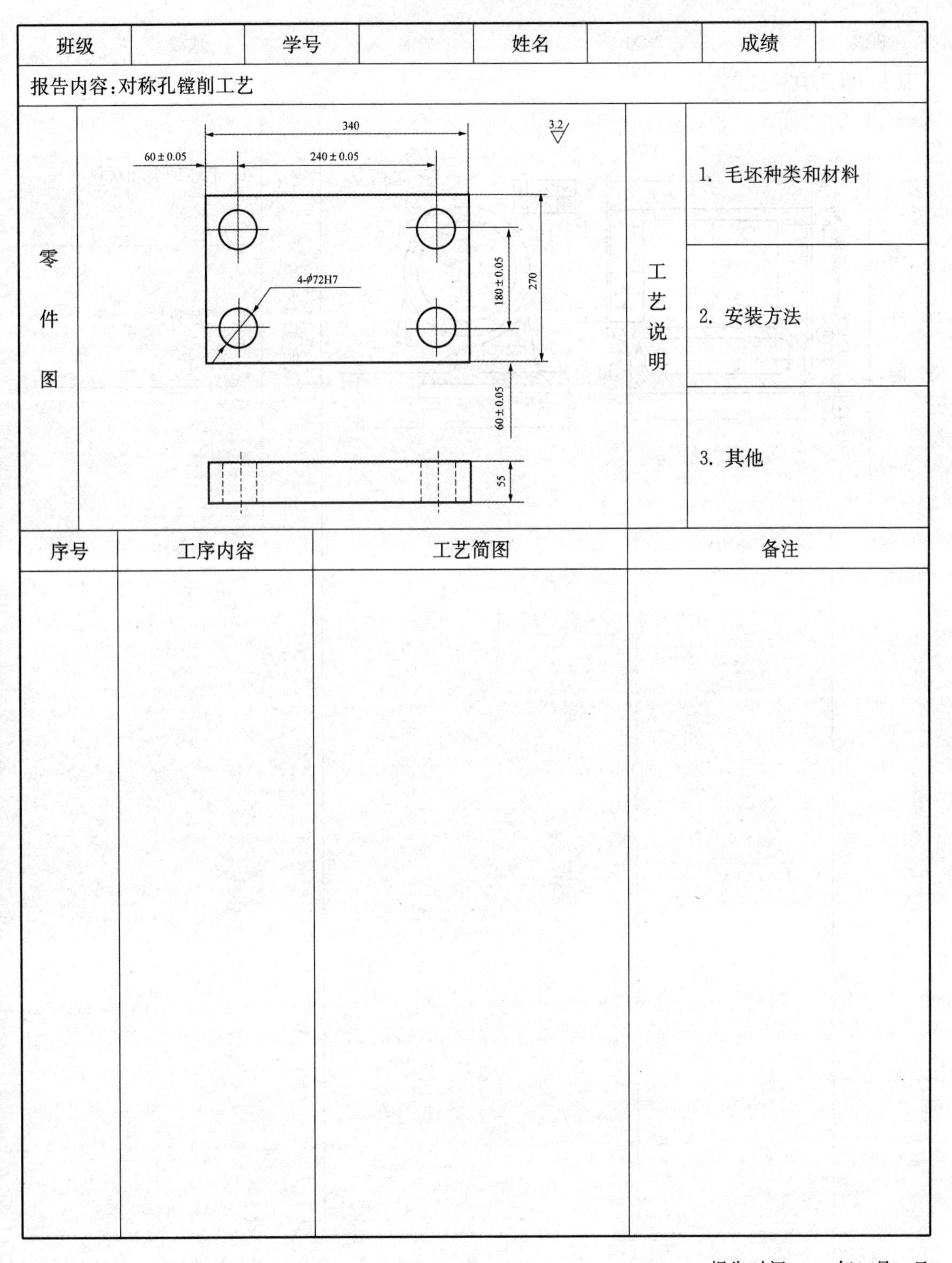

班级		学号		姓名		成绩	

报告内容:对称孔镗削工艺

零件图		工艺说明	1. 毛坯种类和材料
			2. 安装方法
			3. 其他

序号	工序内容	工艺简图	备注

报告时间: 年 月 日

镗削加工实习报告(3)

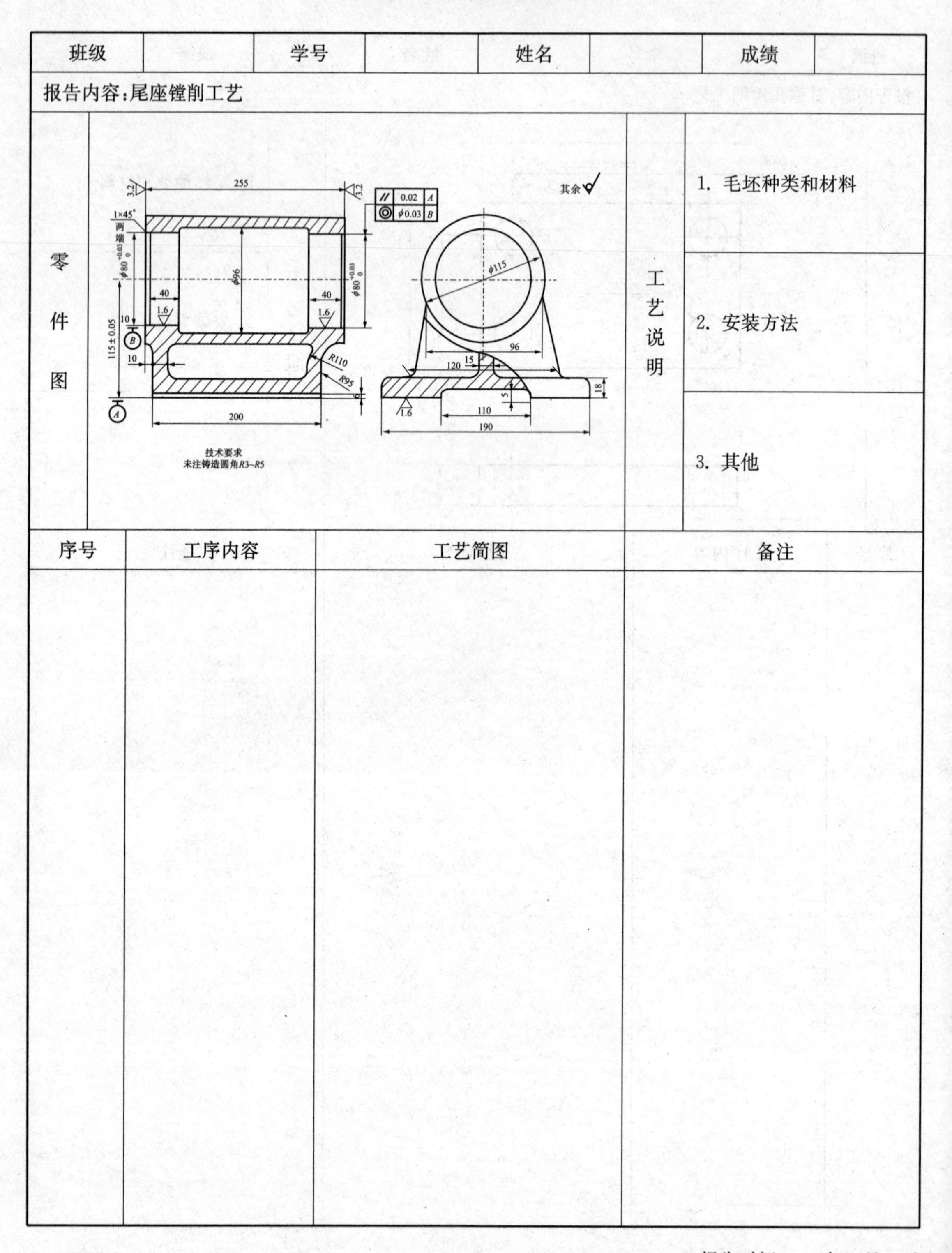

班级		学号		姓名		成绩	
报告内容:尾座镗削工艺							
零件图	(零件图)			工艺说明	1. 毛坯种类和材料 2. 安装方法 3. 其他		

序号	工序内容	工艺简图	备注

报告时间:　　年　月　日

镗削加工实习报告(4)

班级		学号		姓名		成绩	

报告内容:镗削方法分析

镗削方法	特点	应用
1. 单面镗削		
2. 利用后支撑架支撑镗杆进行镗孔		
3. 用镗模镗孔		
4. 调头镗孔		
5. 用飞刀架镗孔		
6. 用坐标法镗孔		

报告时间:　　年　月　日

镗削加工实习报告(5)

班级		学号		姓名		成绩	
报告内容:镗削质量分析							

质量问题	影响因素	解决措施
1. 平行度误差		
2. 同轴度误差		
3. 圆度误差		
4. 圆柱度误差		
5. 尺寸精度误差		

报告时间： 年 月 日

镗削加工实习报告(6)

班级		学号		姓名		成绩	
报告内容:镗削安装方法分析							

安装方法	特点	适用范围
1. 底平面安装		
2. 侧平面安装		
3. 利用定位元件安装		

报告时间: 年 月 日

10 铣削加工

铣削加工实习报告(1)

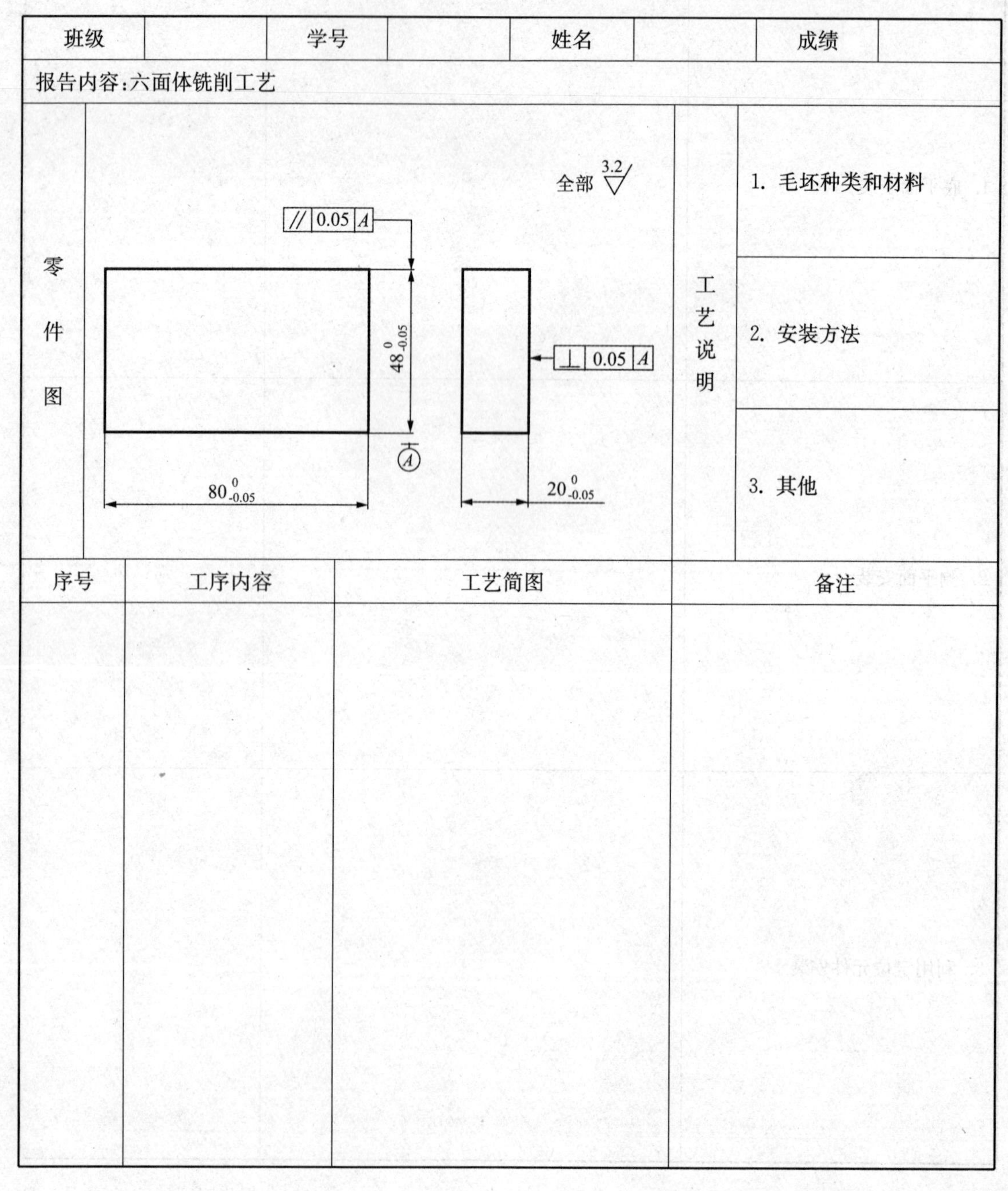

班级		学号		姓名		成绩	
报告内容:六面体铣削工艺							
零件图				工艺说明	1. 毛坯种类和材料 2. 安装方法 3. 其他		

序号	工序内容	工艺简图	备注

报告时间:　　年　月　日

铣削加工实习报告(2)

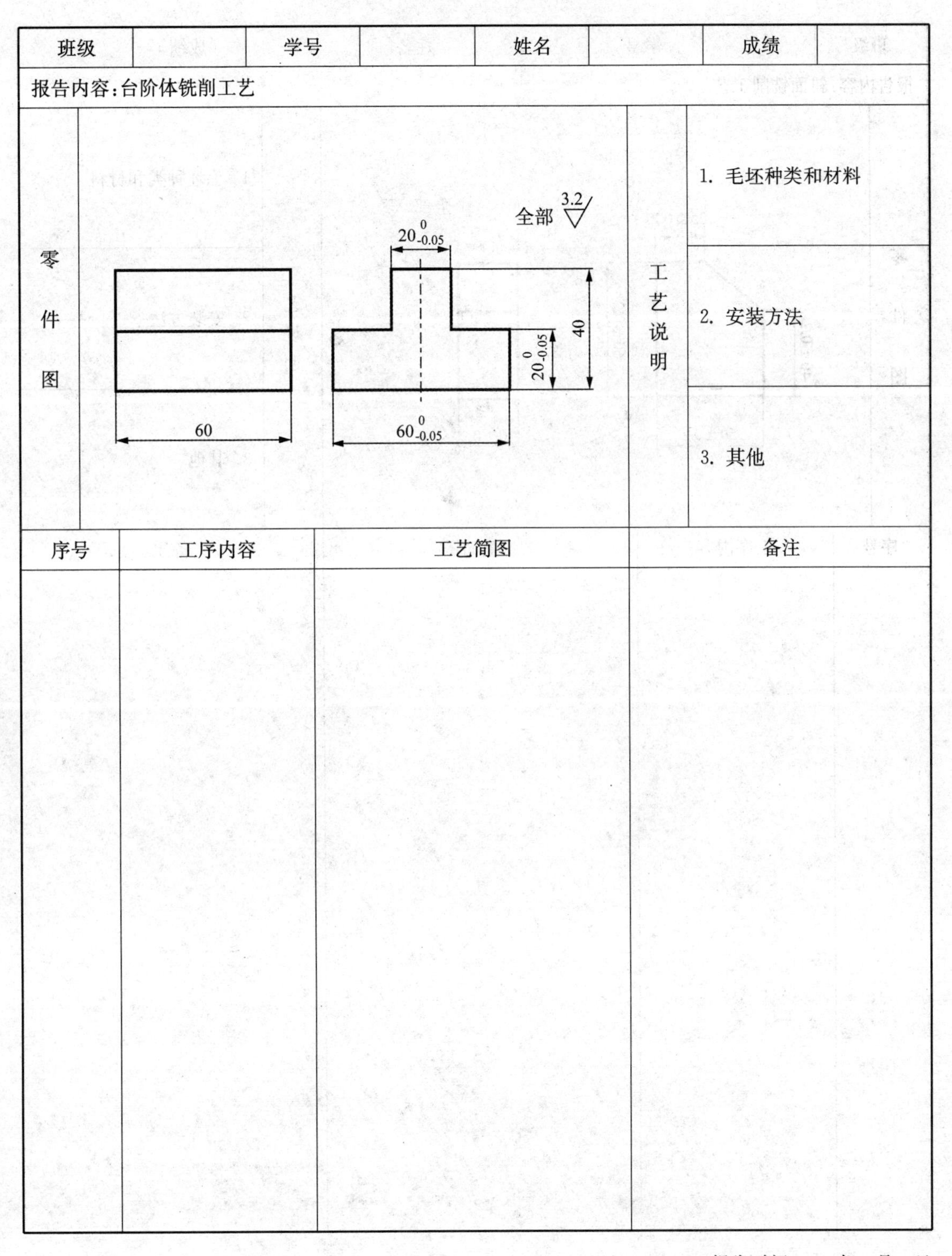

班级		学号		姓名		成绩	

报告内容:台阶体铣削工艺

零件图	工艺说明	
		1. 毛坯种类和材料
		2. 安装方法
		3. 其他

序号	工序内容	工艺简图	备注

报告时间:　　年　月　日

铣削加工实习报告(3)

<table>
<tr><td>班级</td><td></td><td>学号</td><td></td><td>姓名</td><td></td><td>成绩</td><td></td></tr>
<tr><td colspan="8">报告内容:斜面铣削工艺</td></tr>
<tr><td rowspan="3">零件图</td><td colspan="3" rowspan="3">全部 3.2
25±0.2
40±0.2
60±0.2
50±0.2
30±0.2</td><td rowspan="3">工艺说明</td><td colspan="3">1. 毛坯种类和材料</td></tr>
<tr><td colspan="3">2. 安装方法</td></tr>
<tr><td colspan="3">3. 其他</td></tr>
</table>

序号	工序内容	工艺简图	备注

报告时间：　　年　月　日

铣削加工实习报告(4)

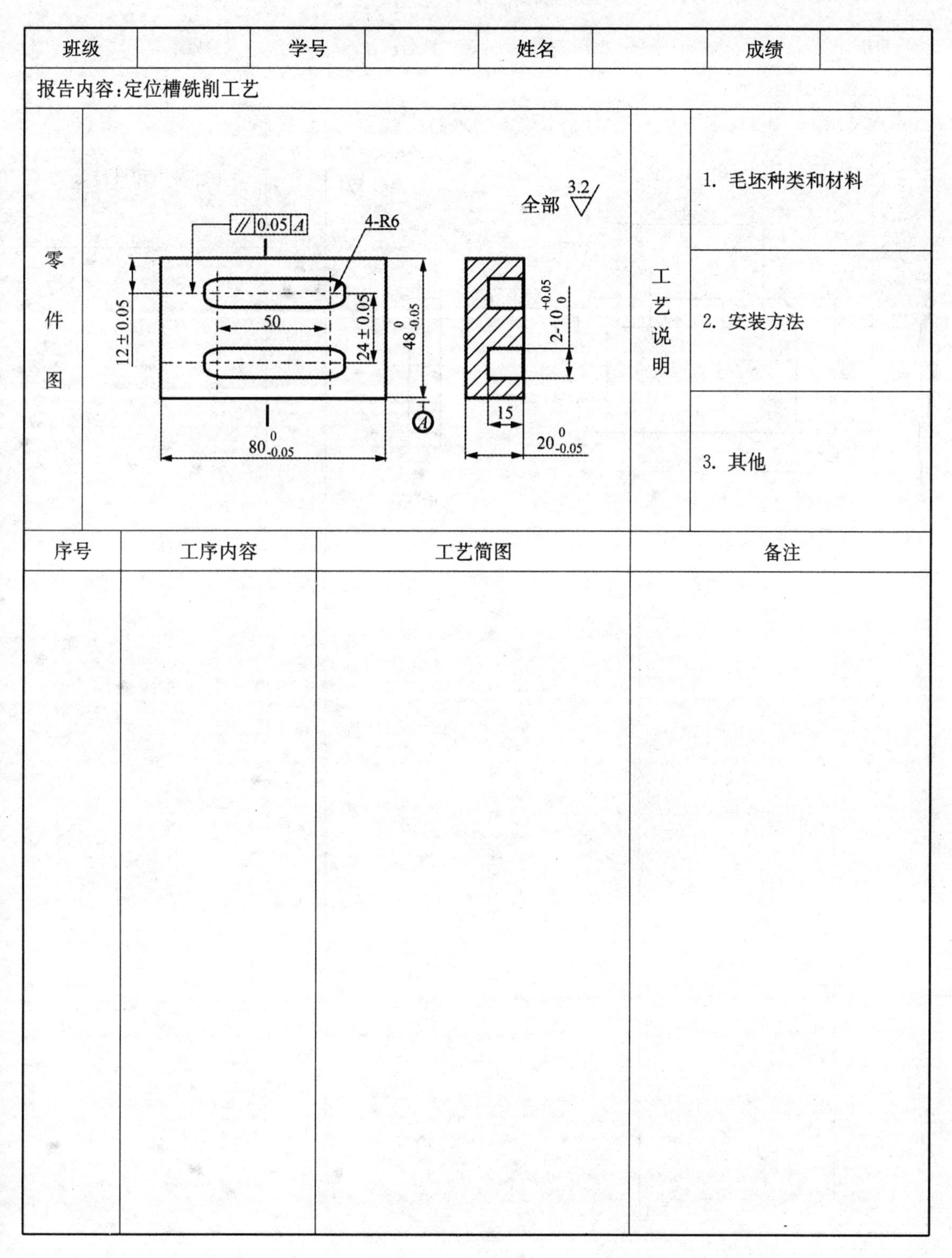

班级		学号		姓名		成绩	
报告内容:定位槽铣削工艺							
零件图					工艺说明	1. 毛坯种类和材料 2. 安装方法 3. 其他	

序号	工序内容	工艺简图	备注

报告时间: 年 月 日

铣削加工实习报告(5)

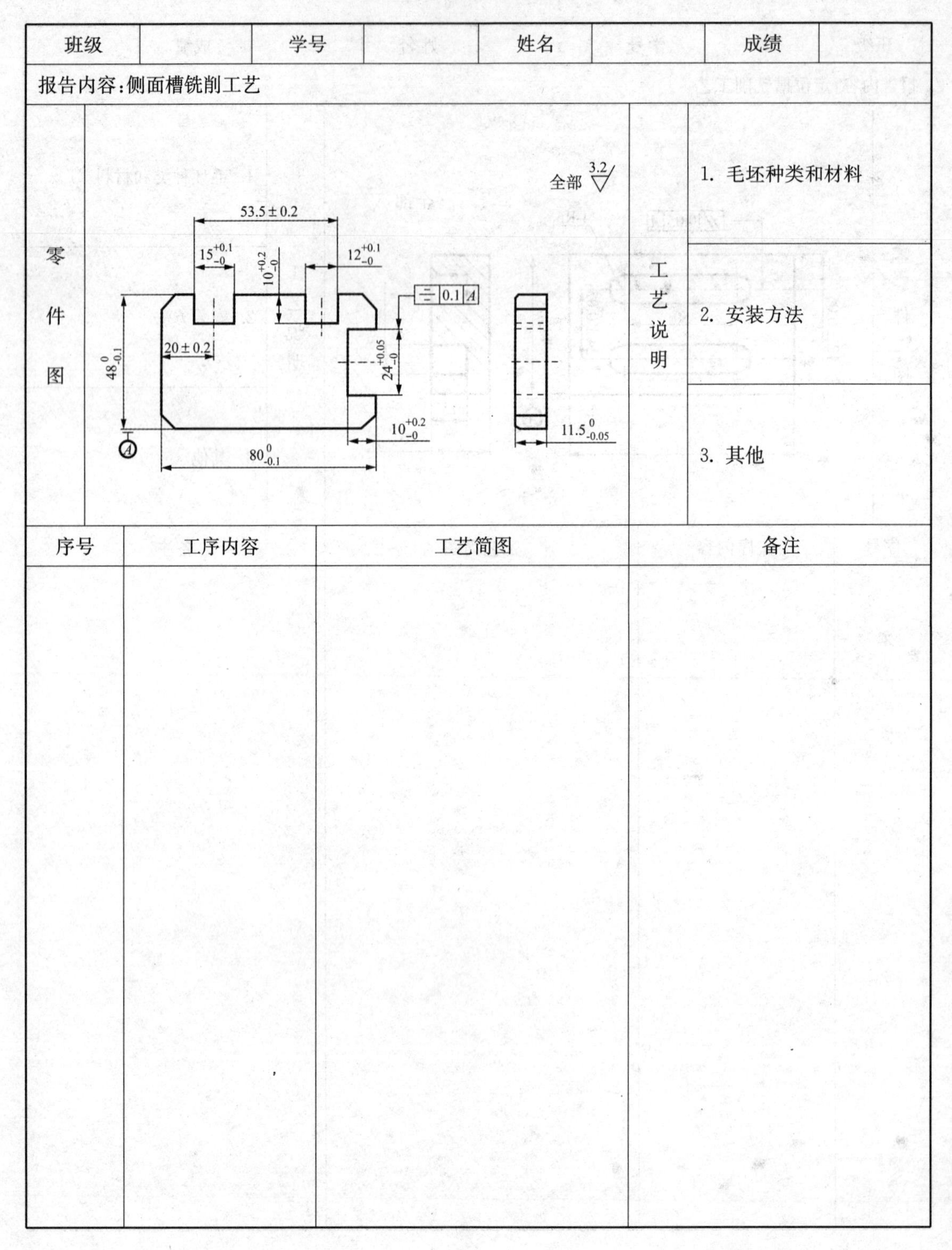

班级		学号		姓名		成绩	

报告内容:侧面槽铣削工艺

零件图		工艺说明	1. 毛坯种类和材料 2. 安装方法 3. 其他

序号	工序内容	工艺简图	备注

报告时间:　　年　月　日

铣削加工实习报告(6)

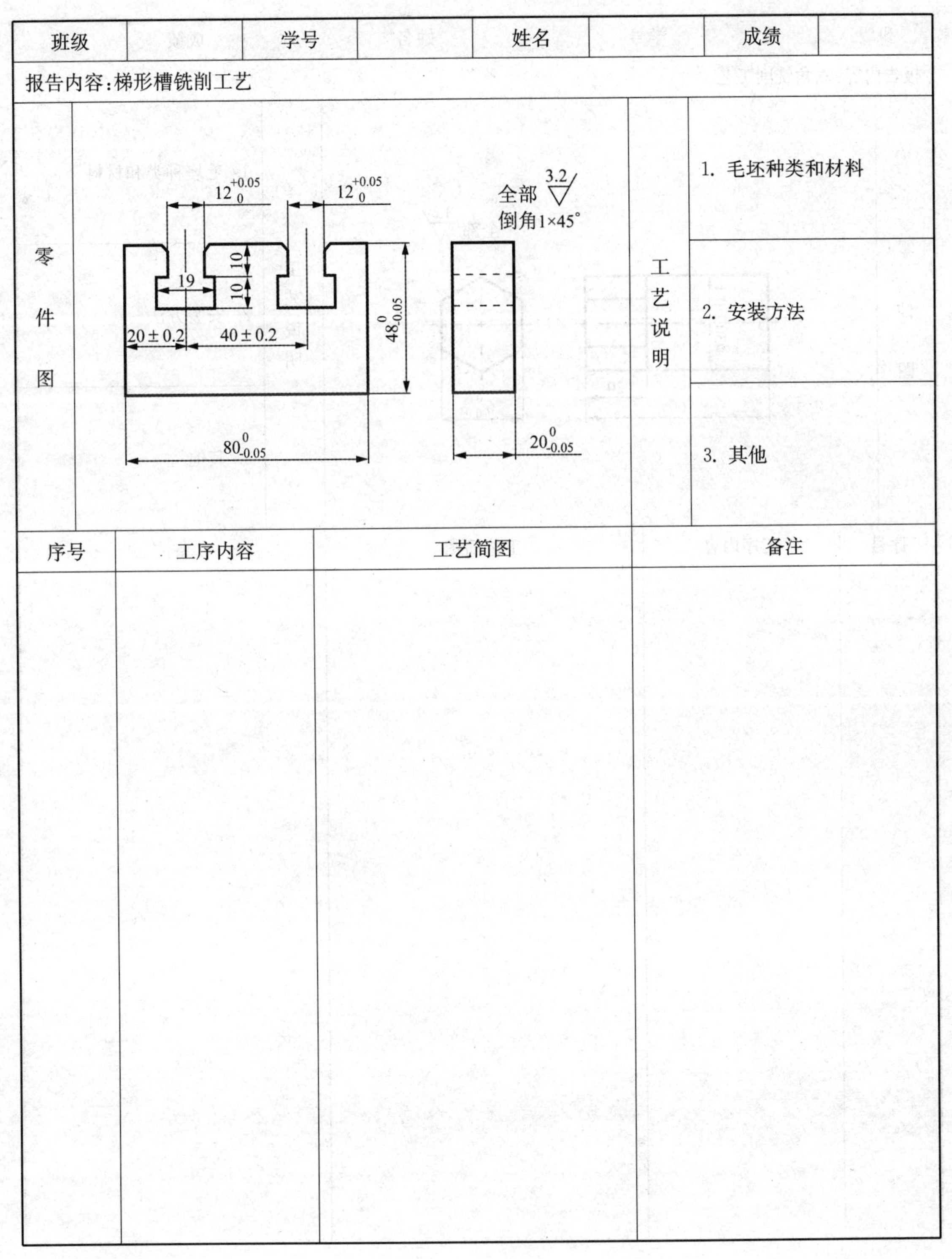

班级		学号		姓名		成绩	

报告内容：梯形槽铣削工艺

零件图

工艺说明

1. 毛坯种类和材料

2. 安装方法

3. 其他

序号	工序内容	工艺简图	备注

报告时间：　　年　月　日

铣削加工实习报告(7)

<table>
<tr><td>班级</td><td></td><td>学号</td><td></td><td>姓名</td><td></td><td>成绩</td><td></td></tr>
<tr><td colspan="8">报告内容:六角铣削工艺</td></tr>
<tr><td rowspan="3">零件图</td><td rowspan="3" colspan="4">全部 3.2
$\phi30\pm0.1$
20
60
$26^{0}_{-0.05}$</td><td rowspan="3">工艺说明</td><td colspan="2">1. 毛坯种类和材料</td></tr>
<tr><td colspan="2">2. 安装方法</td></tr>
<tr><td colspan="2">3. 其他</td></tr>
</table>

序号	工序内容	工艺简图	备注

报告时间：　　年　月　日

铣削加工实习报告(8)

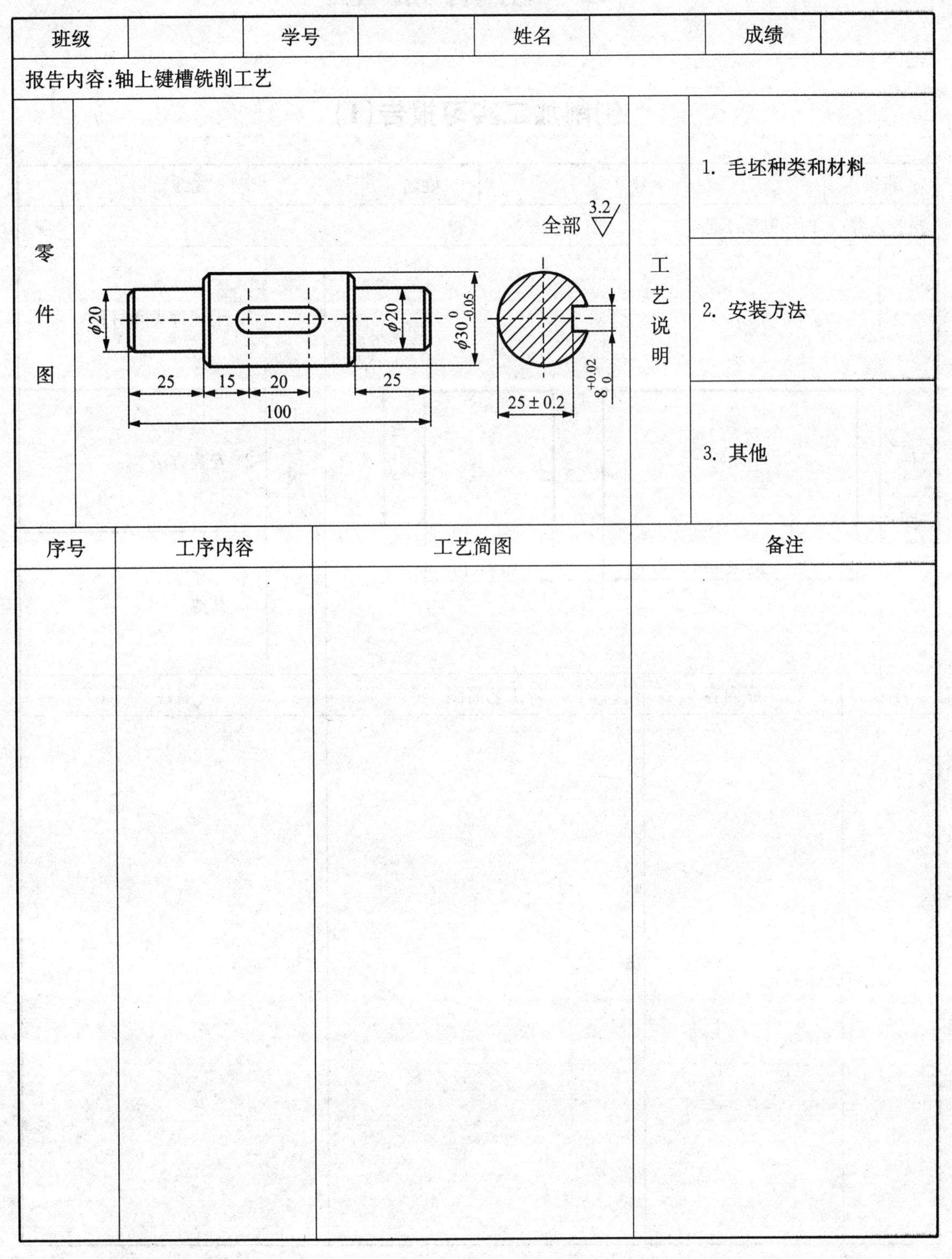

班级		学号		姓名		成绩	

报告内容:轴上键槽铣削工艺

零件图		工艺说明	1. 毛坯种类和材料
			2. 安装方法
			3. 其他

序号	工序内容	工艺简图	备注

报告时间: 年 月 日

11 刨削加工

刨削加工实习报告(1)

<table>
<tr><td>班级</td><td></td><td>学号</td><td></td><td>姓名</td><td></td><td>成绩</td><td></td></tr>
<tr><td colspan="8">报告内容:六面体刨削工艺</td></tr>
<tr><td>零件图</td><td colspan="3">6.4
50±0.10
100±0.10
50±0.10</td><td>工艺说明</td><td colspan="3">1. 毛坯种类和材料
2. 安装方法
3. 其他</td></tr>
<tr><td>序号</td><td>工序内容</td><td colspan="3">工艺简图</td><td colspan="3">备注</td></tr>
<tr><td></td><td></td><td colspan="3"></td><td colspan="3"></td></tr>
</table>

报告时间:　　年　月　日

刨削加工实习报告(2)

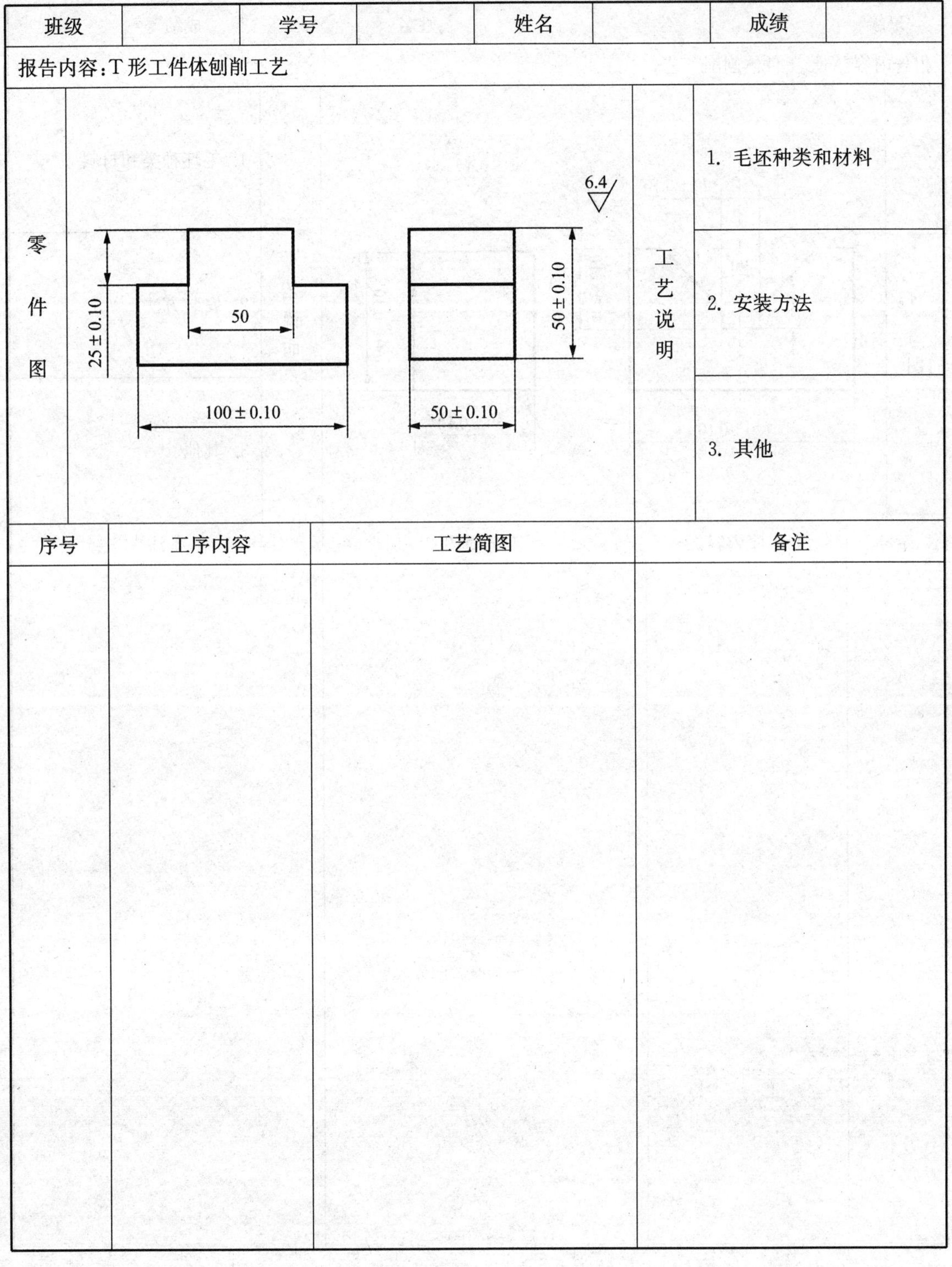

班级		学号		姓名		成绩	

报告内容:T形工件体刨削工艺

零件图

工艺说明

1. 毛坯种类和材料

2. 安装方法

3. 其他

序号	工序内容	工艺简图	备注

报告时间:　　年　月　日

刨削加工实习报告(3)

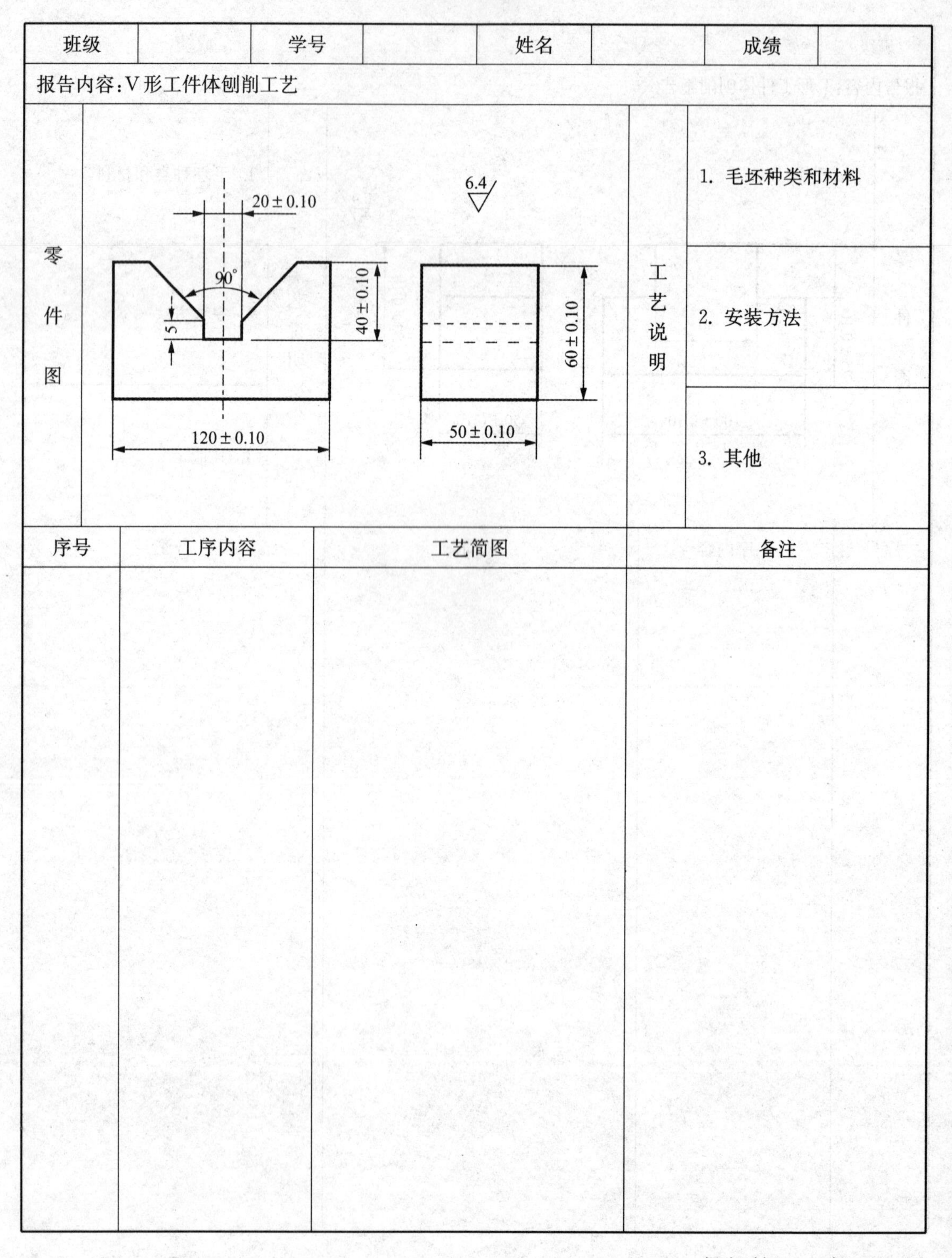

班级		学号		姓名		成绩	

报告内容:V形工件体刨削工艺

零件图		工艺说明	1. 毛坯种类和材料
			2. 安装方法
			3. 其他

序号	工序内容	工艺简图	备注

报告时间:　　年　月　日

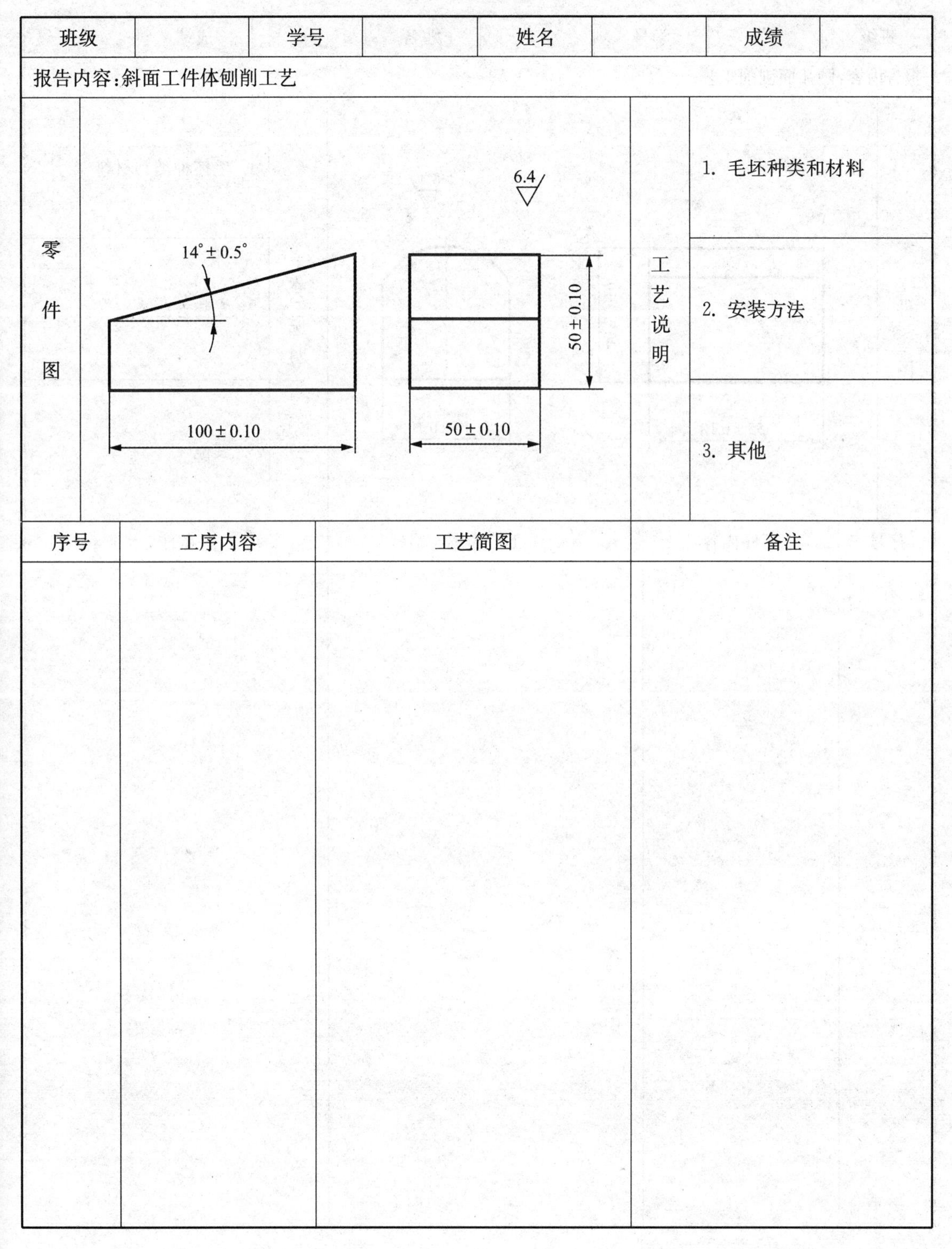

刨削加工实习报告(4)

班级		学号		姓名		成绩	

报告内容:斜面工件体刨削工艺

零件图		工艺说明	1. 毛坯种类和材料
			2. 安装方法
			3. 其他

序号	工序内容	工艺简图	备注

报告时间：　　年　月　日

刨削加工实习报告(5)

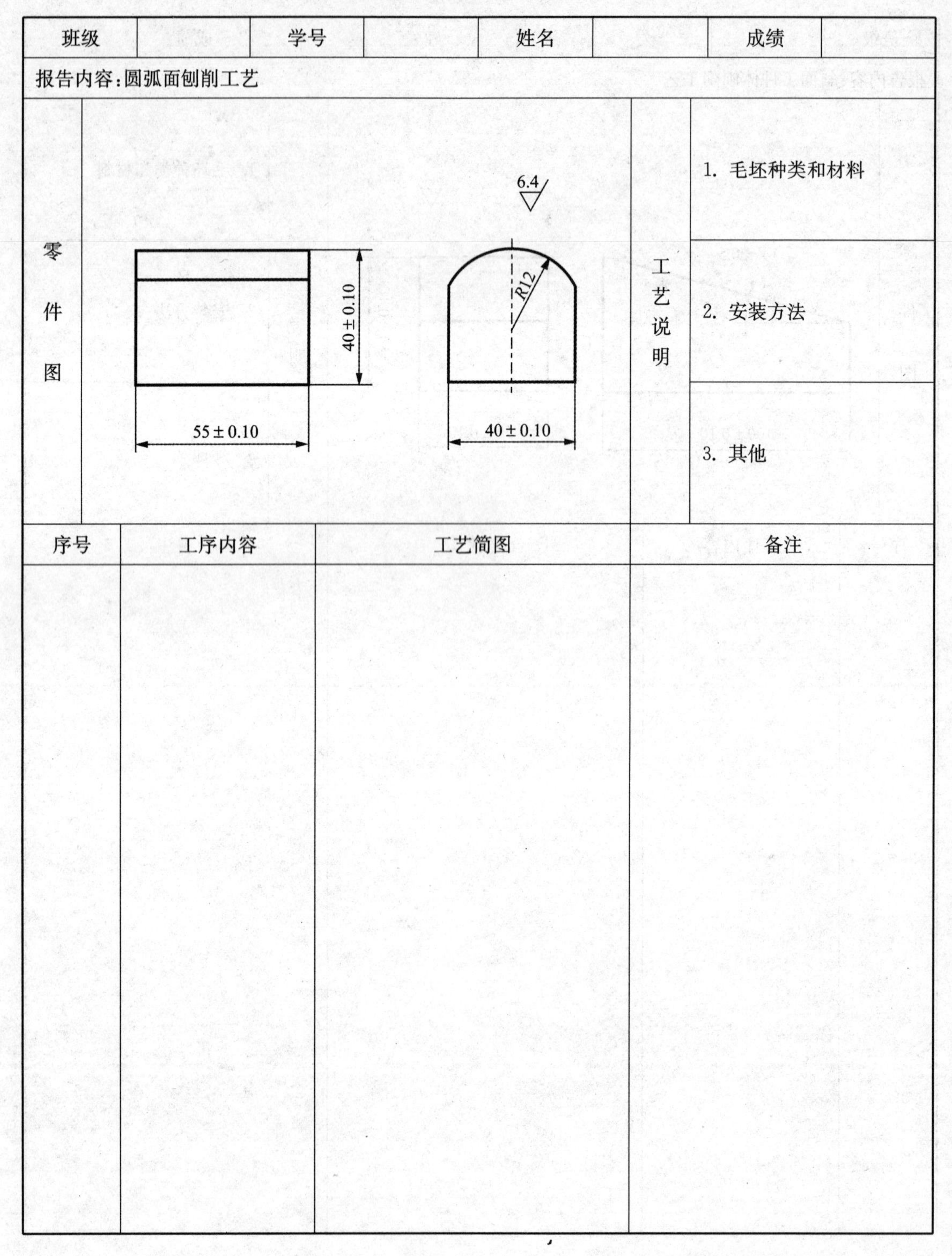

班级		学号		姓名		成绩	

报告内容:圆弧面刨削工艺

零件图

工艺说明

1. 毛坯种类和材料
2. 安装方法
3. 其他

序号	工序内容	工艺简图	备注

报告时间:　　年　月　日

刨削加工实习报告(6)

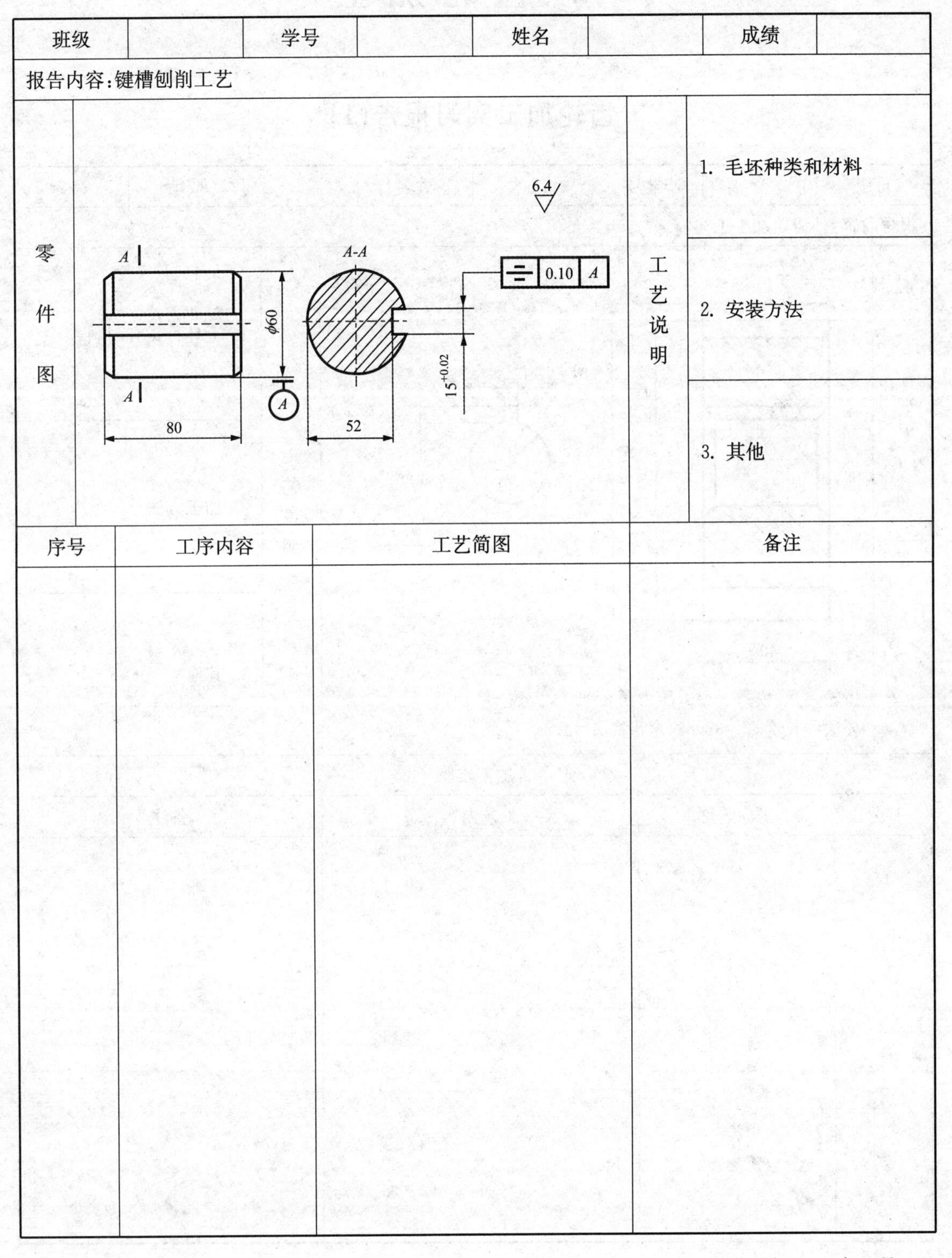

班级		学号		姓名		成绩	
报告内容:键槽刨削工艺							
零件图				工艺说明	1. 毛坯种类和材料 2. 安装方法 3. 其他		

序号	工序内容	工艺简图	备注

报告时间: 年 月 日

12 齿 轮 加 工

齿轮加工实习报告(1)

<table>
<tr><td>班级</td><td></td><td>学号</td><td></td><td>姓名</td><td></td><td>成绩</td><td></td></tr>
<tr><td colspan="8">报告内容:外齿轮加工工艺</td></tr>
<tr><td rowspan="3">零
件
图</td><td colspan="3" rowspan="3">3.2
6
4
φ96
φ100
φ30
40
齿轮参数:模数 $m=2$,压力角 $\alpha=20°$,齿数 $z=48$,
公法线长度 $w=35.88$,全齿高 $h=4.5$</td><td rowspan="3">工
艺
说
明</td><td colspan="3">1. 毛坯种类和材料</td></tr>
<tr><td colspan="3">2. 加工方法</td></tr>
<tr><td colspan="3">3. 其他</td></tr>
<tr><td colspan="8">加工步骤</td></tr>
<tr><td>序号</td><td colspan="2">工序名称</td><td colspan="3">工艺内容</td><td colspan="2">备注</td></tr>
<tr><td></td><td colspan="2"></td><td colspan="3"></td><td colspan="2"></td></tr>
</table>

报告时间:　　年　月　日

齿轮加工实习报告(2)

班级		学号		姓名		成绩	

报告内容:内齿轮加工工艺

零件图	齿轮参数:模数 $m=1$ 齿数 $z=48$, 齿形角 $\alpha=20^\circ$ 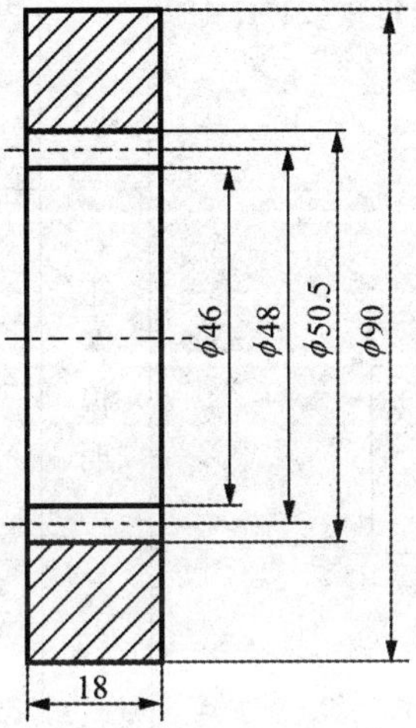 $\phi46$　$\phi48$　$\phi50.5$　$\phi90$ 18	工艺说明	1. 毛坯种类和材料 2. 加工方法 3. 其他

加工步骤

序号	工序名称	工艺内容	备注

报告时间:　　年　月　日

齿轮加工实习报告(3)

班级		学号		姓名		成绩	

报告内容:右旋斜齿轮加工工艺

零件图

齿轮参数:法向模数 $m=3.25$，
齿数 $z=21$，
齿形角 $\alpha=20°$
螺旋角 $\beta=21°47'12''$
旋转方向:右旋

$\phi 80^{0}_{-0.2}$

$\phi 7.35$

$\phi 44$

10

55

工艺说明

1. 种类和材料

2. 加工方法

3. 其他

加工步骤

序号	工序名称	工艺内容 、	备注

报告时间：　　年　月　日

齿轮加工实习报告(4)

班级		学号		姓名		成绩	
报告内容:左旋斜齿轮加工工艺							

零件图		工艺说明	
零件图	齿轮参数:法向模数 $m=3.25$, 齿数 $z=21$, 齿形角 $\alpha=20°$ 螺旋角 $\beta=21°47'12''$ 旋转方向:左旋 $\phi 80_{-0.2}^{0}$ $\phi 7.35$ $\phi 44$ 10 55	工艺说明	1. 种类和材料
			2. 加工方法
			3. 其他

加工步骤

序号	工序名称	工艺内容	备注

报告时间: 年 月 日

齿轮加工实习报告(5)

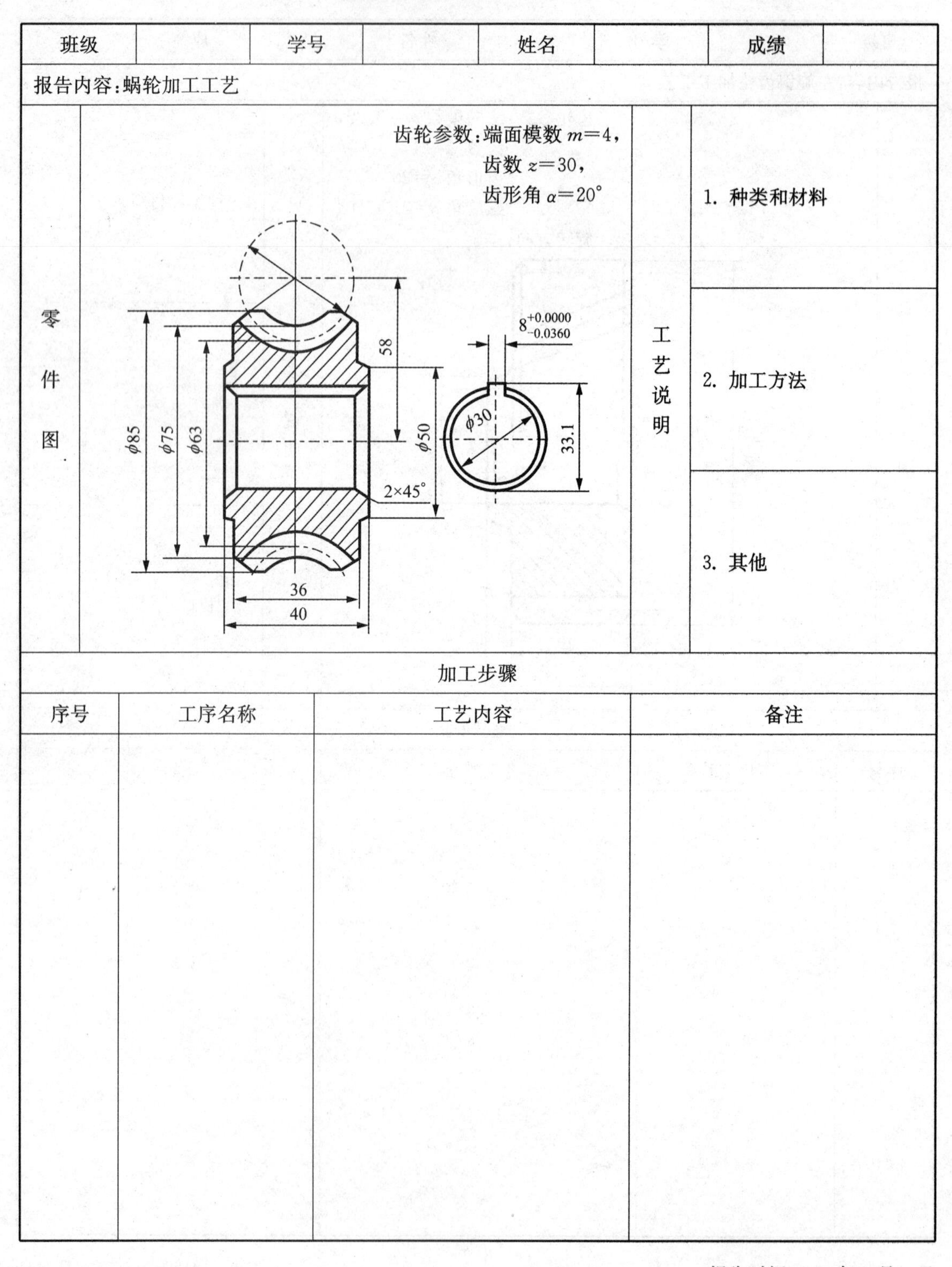

班级		学号		姓名		成绩	

报告内容：蜗轮加工工艺

零件图	工艺说明	
齿轮参数：端面模数 $m=4$，齿数 $z=30$，齿形角 $\alpha=20°$	1. 种类和材料	
	2. 加工方法	
	3. 其他	

加工步骤

序号	工序名称	工艺内容	备注

报告时间：　　年　月　日

齿轮加工实习报告(6)

<table>
<tr><td>班级</td><td></td><td>学号</td><td></td><td>姓名</td><td></td><td>成绩</td><td></td></tr>
<tr><td colspan="8">报告内容:齿轮轴滚削工艺</td></tr>
<tr><td rowspan="3">零
件
图</td><td rowspan="3" colspan="4"></td><td colspan="3">1. 滚齿机的型号</td></tr>
<tr><td colspan="3">2. 滚刀的材料</td></tr>
<tr><td colspan="3">3. 滚齿机的加工范围</td></tr>
<tr><td colspan="4">校正的内容和原因</td><td colspan="4">实习心得体会</td></tr>
<tr><td colspan="4"></td><td colspan="4"></td></tr>
</table>

报告时间: 年 月 日

齿轮加工实习报告(7)

班级		学号		姓名		成绩	

报告内容:齿轮轴剃齿

剃齿刀	
	1. 剃齿刀的牌号
	2. 剃齿刀的材料
	3. 剃齿刀选择的原则

剃齿刀几何精度的检验

序号	检验项目	检验工具	备注

报告时间: 年 月 日

齿轮加工实习报告(8)

<table>
<tr><td>班级</td><td></td><td>学号</td><td></td><td>姓名</td><td></td><td>成绩</td><td></td></tr>
<tr><td colspan="8">报告内容:插齿正误分析</td></tr>
<tr><td rowspan="3">插
齿
刀</td><td colspan="4" rowspan="3">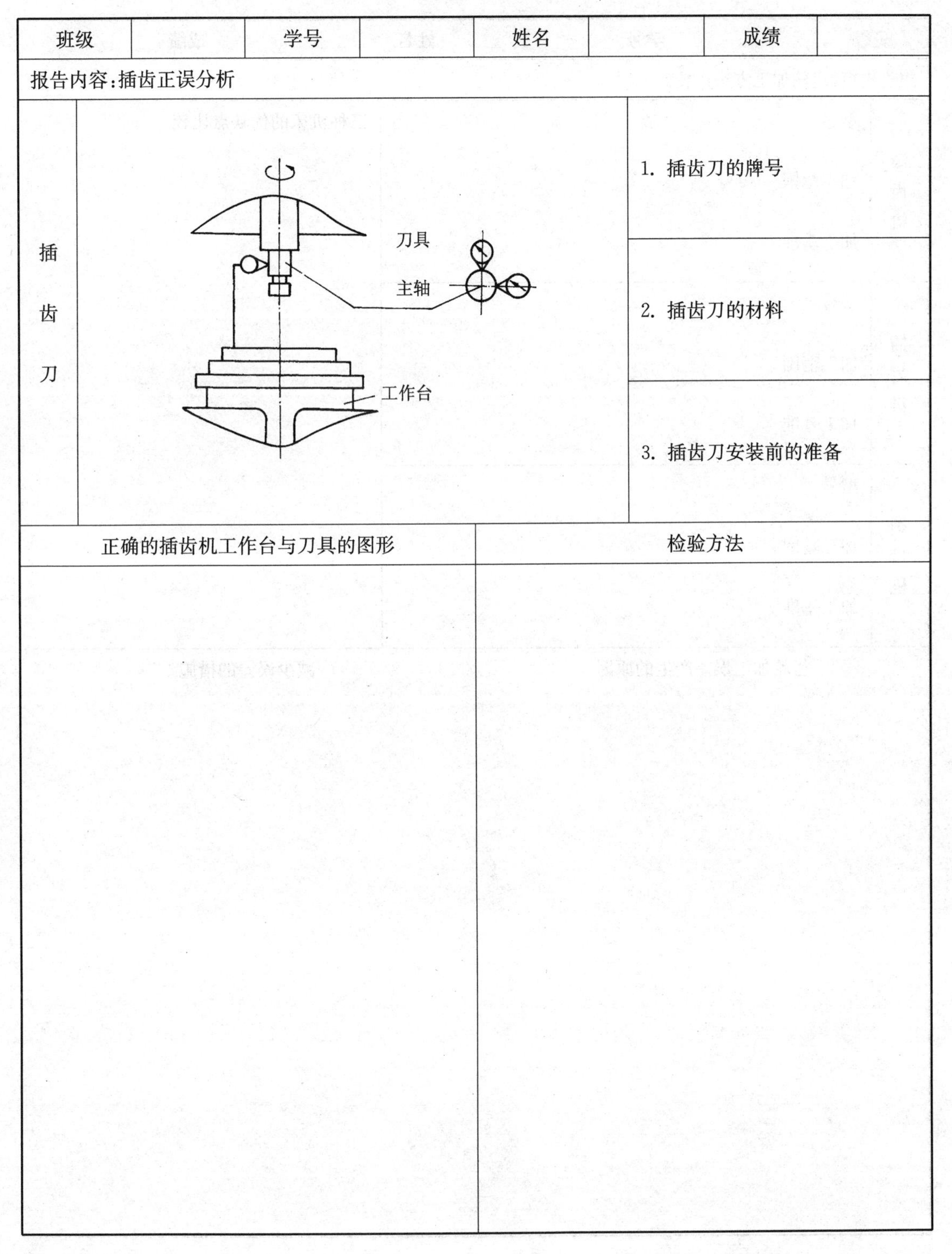
</td><td colspan="3">1. 插齿刀的牌号</td></tr>
<tr><td colspan="3">2. 插齿刀的材料</td></tr>
<tr><td colspan="3">3. 插齿刀安装前的准备</td></tr>
<tr><td colspan="4">正确的插齿机工作台与刀具的图形</td><td colspan="4">检验方法</td></tr>
<tr><td colspan="4"></td><td colspan="4"></td></tr>
</table>

报告时间：　　年　月　日

齿轮加工实习报告(9)

<table>
<tr><td>班级</td><td></td><td>学号</td><td></td><td>姓名</td><td></td><td>成绩</td><td></td></tr>
<tr><td colspan="8">报告内容:齿轮加工方法比较</td></tr>
<tr><td>滚齿机</td><td colspan="4">型号
加工范围
加工基准</td><td colspan="3" rowspan="3">三种机床的优缺点比较</td></tr>
<tr><td>插齿机</td><td colspan="4">型号
加工范围
加工基准</td></tr>
<tr><td>剃齿机</td><td colspan="4">型号
加工范围
加工基准</td></tr>
<tr><td colspan="4">齿轮加工误差产生的原因</td><td colspan="4">减少误差的措施</td></tr>
</table>

报告时间： 年 月 日

齿轮加工实习报告(10)

<table>
<tr><td>班级</td><td></td><td>学号</td><td></td><td>姓名</td><td></td><td>成绩</td><td></td></tr>
<tr><td colspan="8">报告内容:插齿加工分析</td></tr>
<tr><td colspan="4">插齿机</td><td colspan="4" rowspan="6">操作过程中所用的切削用量</td></tr>
<tr><td colspan="4">牌号</td></tr>
<tr><td colspan="4">规格</td></tr>
<tr><td colspan="4">主电动机功率</td></tr>
<tr><td colspan="4">主轴最高转速</td></tr>
<tr><td colspan="4">最大进给量</td></tr>
<tr><td colspan="4">插削内齿轮时的注意点</td><td colspan="4">插削斜齿轮时的注意点</td></tr>
</table>

报告时间: 年 月 日

齿轮加工实习报告(11)

<table>
<tr><td>班级</td><td></td><td>学号</td><td></td><td>姓名</td><td></td><td>成绩</td><td></td></tr>
<tr><td colspan="8">报告内容:齿轮热处理</td></tr>
<tr><td colspan="4">齿轮的分类</td><td colspan="4" rowspan="3">齿坯热处理后对切削加工的影响</td></tr>
<tr><td colspan="4">齿轮热处理的种类</td></tr>
<tr><td colspan="4">热处理的作用</td></tr>
<tr><td colspan="4">齿轮热处理产生的变形</td><td colspan="4">齿轮变形的纠正措施</td></tr>
</table>

报告时间：　　年　月　日

13 磨 削 加 工

磨削加工实习报告(1)

<table>
<tr><td>班级</td><td></td><td>学号</td><td></td><td>姓名</td><td></td><td>成绩</td><td></td></tr>
<tr><td colspan="8">报告内容:外圆锥磨削工艺</td></tr>
<tr><td rowspan="3">零件图</td><td rowspan="3" colspan="4">其余 1.6
0.8
φ70 φ25 φ22
60</td><td rowspan="3">工艺说明</td><td colspan="2">1. 毛坯种类和材料</td></tr>
<tr><td colspan="2">2. 安装方法</td></tr>
<tr><td colspan="2">3. 其他</td></tr>
<tr><td colspan="8">加工步骤</td></tr>
<tr><td>序号</td><td colspan="2">加工内容</td><td colspan="3">工艺简图</td><td colspan="2">备注</td></tr>
<tr><td></td><td colspan="2"></td><td colspan="3"></td><td colspan="2"></td></tr>
</table>

报告时间：　　年　月　日

磨削加工实习报告(2)

班级		学号		姓名		成绩	
报告内容:小轴磨削工艺							
零件图	其余 3.2 0.8 $\phi 6^{+0}_{-0.018}$ 40			工艺说明	1. 毛坯种类和材料 2. 安装方法 3. 其他		

加工步骤

序号	加工内容	工艺简图	备注

报告时间: 年 月 日

磨削加工实习报告(3)

班级		学号		姓名		成绩	

报告内容:内孔磨削工艺

零件图		工艺说明	
	其余 3.2; 0.8; $\phi40^{+0.03}$; $\phi60$; 25		1. 毛坯种类和材料
			2. 安装方法
			3. 其他

加工步骤

序号	加工内容	工艺简图	备注

报告时间: 年 月 日

磨削加工实习报告(4)

班级		学号		姓名		成绩	
报告内容:平面磨削工艺							
零件图	80　10　0.8　0.8　$70_{-0.03}$		工艺说明	1. 毛坯种类和材料			
				2. 安装方法			
				3. 其他			

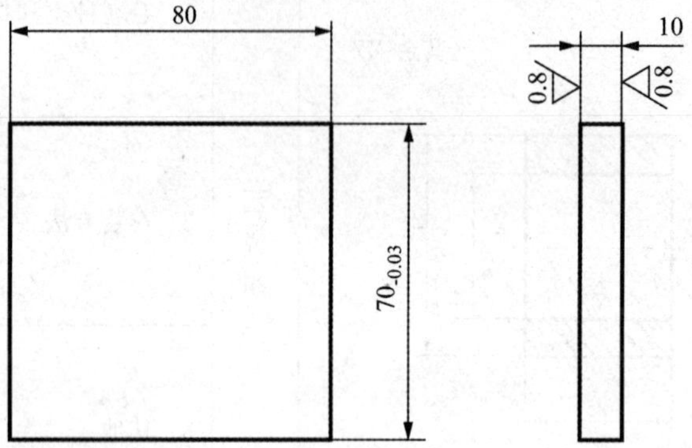

加工步骤

序号	加工内容	工艺简图	备注

报告时间：　　年　月　日

14 数控加工

数控加工实习报告(1)

班级		学号		姓名		成绩	
报告内容:数控车加工工艺 1							
零件图							

工艺说明

1. 毛坯种类和材料	2. 安装方法	3. 机床型号	4. 系统类型

工步内容	加工程序	主轴转速	刀具名称	进给量	被吃刀量

报告时间:　　年　月　日

数控加工实习报告(2)

<table>
<tr><td>班级</td><td></td><td>学号</td><td></td><td>姓名</td><td></td><td>成绩</td><td></td></tr>
<tr><td colspan="8">报告内容:数控车加工工艺 2</td></tr>
<tr><td rowspan="4">零件图</td><td colspan="7">R40
2.5×45°
φ80 φ50 φ40 φ30 M36×4
40 60 75 80 100</td></tr>
<tr><td colspan="7">工艺说明</td></tr>
<tr><td colspan="2">1. 毛坯种类和材料</td><td colspan="2">2. 安装方法</td><td colspan="2">3. 机床型号</td><td>4. 系统类型</td></tr>
<tr><td colspan="2"></td><td colspan="2"></td><td colspan="2"></td><td></td></tr>
</table>

工步内容	加工程序	主轴转速	刀具名称	进给量	被吃刀量

报告时间： 年 月 日

数控加工实习报告(3)

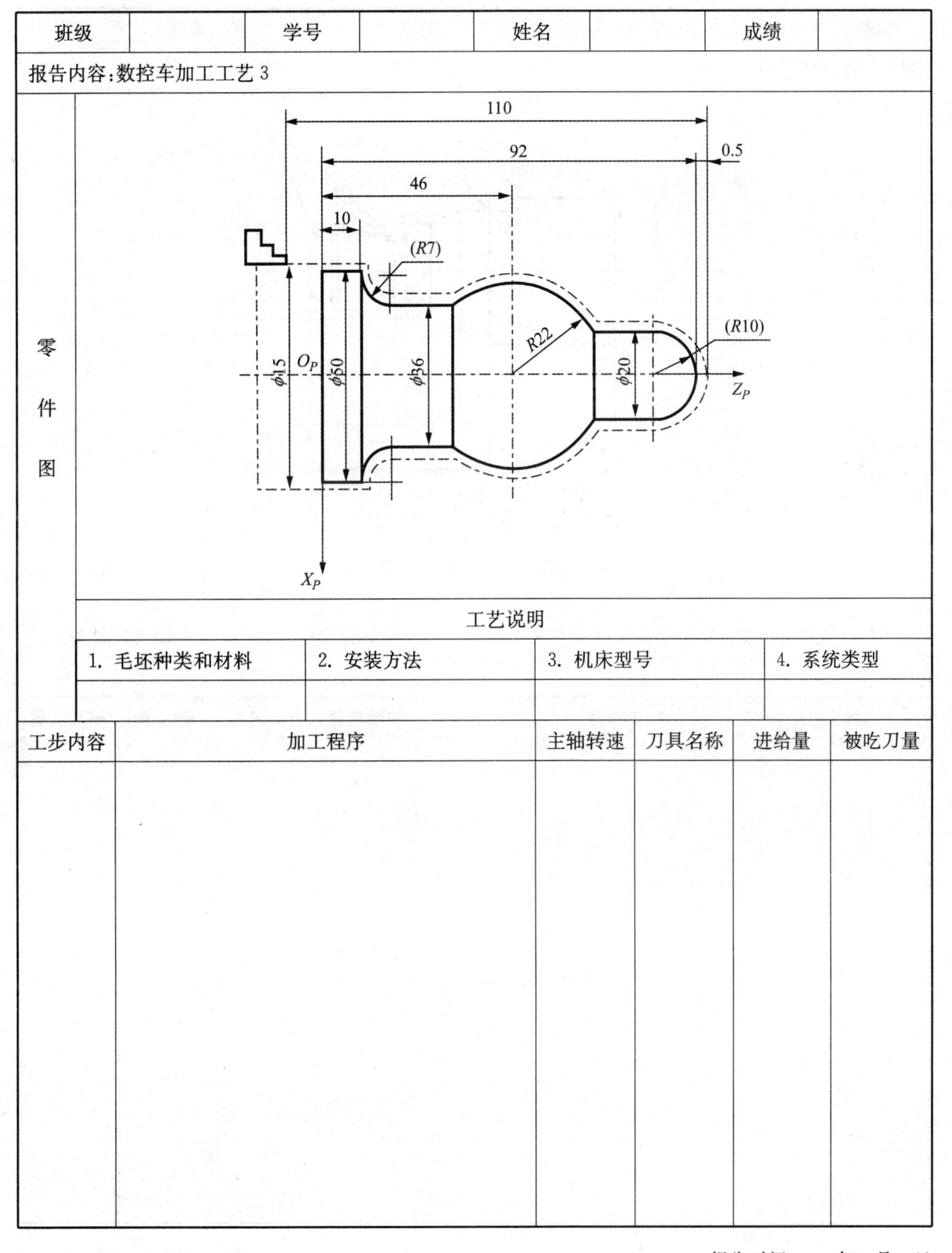

班级		学号		姓名		成绩	
报告内容:数控车加工工艺 3							
零件图							

工艺说明

1. 毛坯种类和材料	2. 安装方法	3. 机床型号	4. 系统类型

工步内容	加工程序	主轴转速	刀具名称	进给量	被吃刀量

报告时间：　　年　月　日

数控加工实习报告(4)

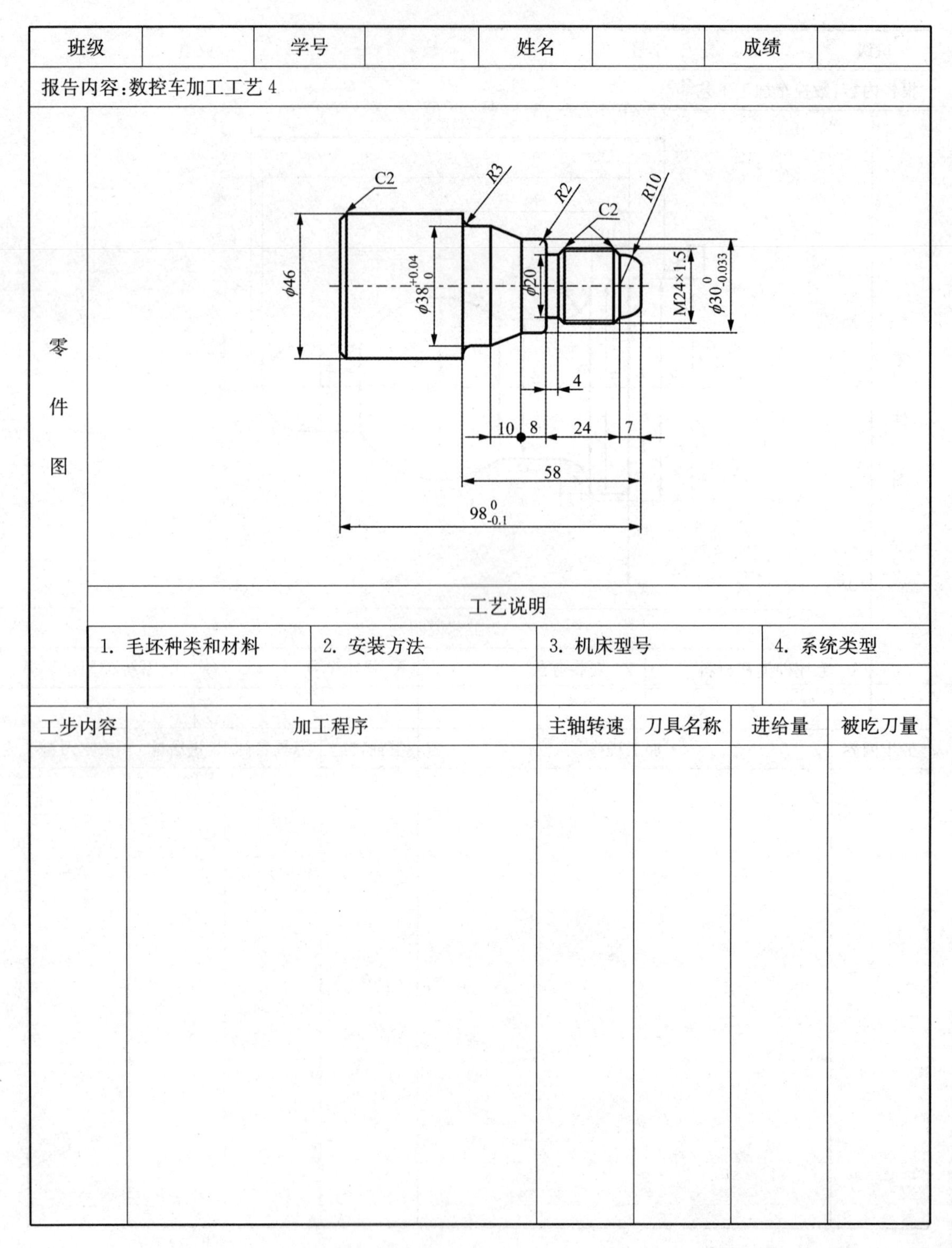

班级		学号		姓名		成绩	
报告内容:数控车加工工艺 4							
零件图							
	工艺说明						
	1. 毛坯种类和材料	2. 安装方法		3. 机床型号		4. 系统类型	

工步内容	加工程序	主轴转速	刀具名称	进给量	被吃刀量

报告时间：　　年　月　日

数控加工实习报告(5)

班级		学号		姓名		成绩	
报告内容:数控车加工工艺 5							

工艺说明

1. 毛坯种类和材料	2. 安装方法	3. 机床型号	4. 系统类型

工步内容	加工程序	主轴转速	刀具名称	进给量	被吃刀量

报告时间: 年 月 日

数控加工实习报告(6)

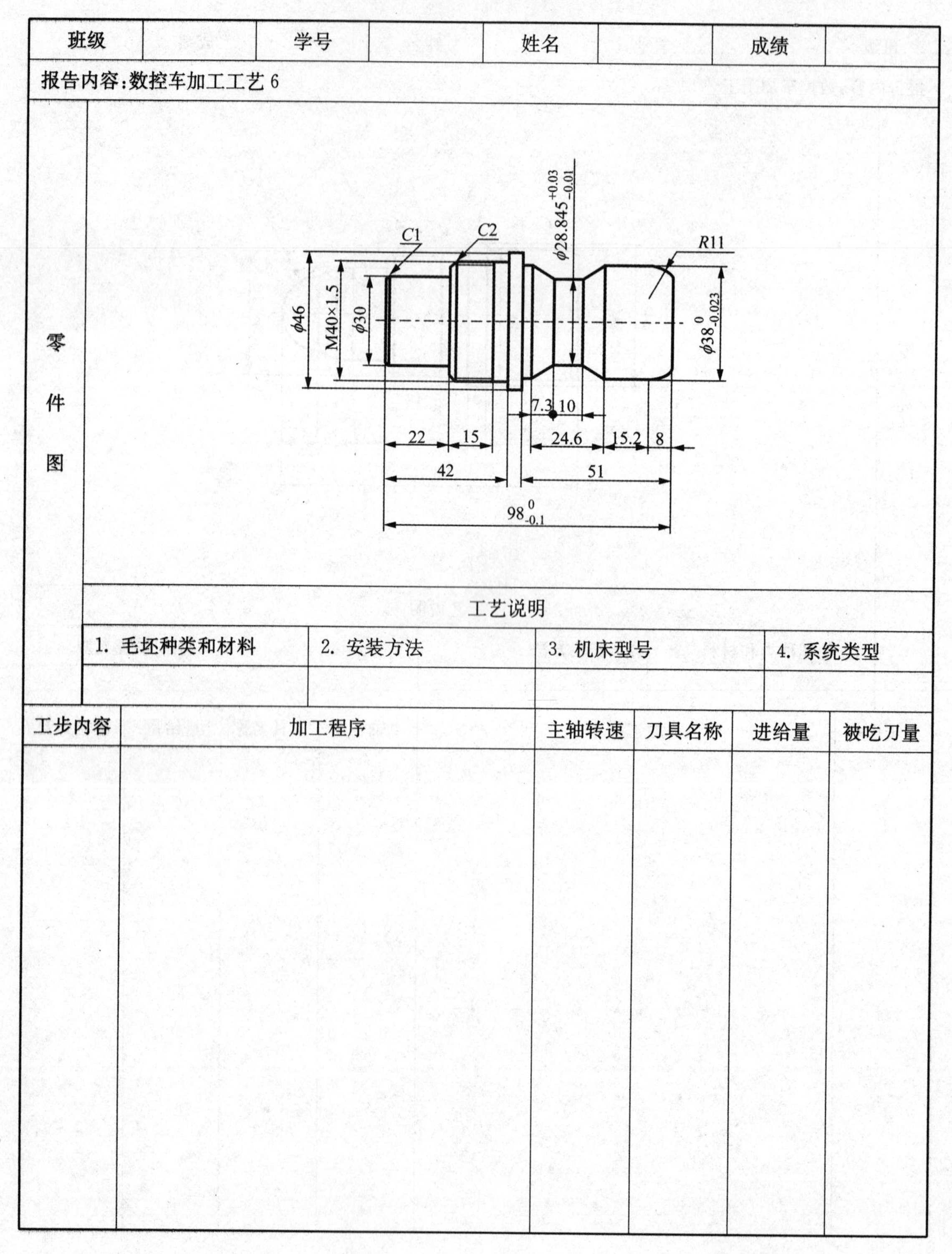

班级		学号		姓名		成绩	
报告内容:数控车加工工艺 6							
零件图							
工艺说明							
1. 毛坯种类和材料	2. 安装方法	3. 机床型号	4. 系统类型				

工步内容	加工程序	主轴转速	刀具名称	进给量	被吃刀量

报告时间: 年 月 日

数控加工实习报告(7)

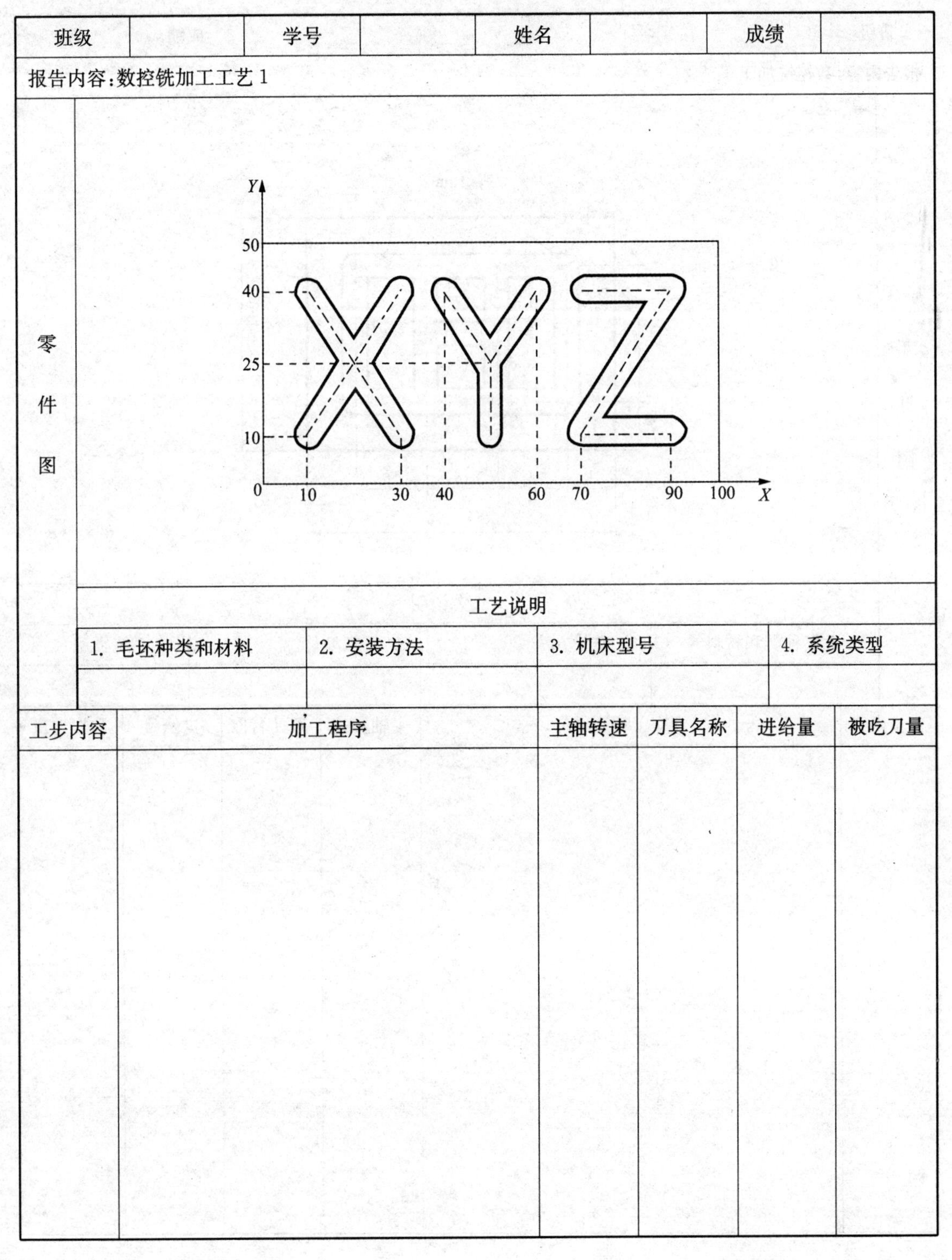

班级		学号		姓名		成绩	

报告内容:数控铣加工工艺 1

零件图

工艺说明

1. 毛坯种类和材料	2. 安装方法	3. 机床型号	4. 系统类型

工步内容	加工程序	主轴转速	刀具名称	进给量	被吃刀量

报告时间: 年 月 日

数控加工实习报告(8)

<table>
<tr><td>班级</td><td></td><td>学号</td><td></td><td>姓名</td><td></td><td>成绩</td><td></td></tr>
<tr><td colspan="8">报告内容:数控铣加工工艺 2</td></tr>
<tr><td rowspan="4">零件图</td><td colspan="7">全部 3.2
字深1mm
38
10
48±0.03
10 25 15 15
65±0.03</td></tr>
<tr><td colspan="7">工艺说明</td></tr>
<tr><td colspan="2">1. 毛坯种类和材料</td><td colspan="2">2. 安装方法</td><td colspan="2">3. 机床型号</td><td>4. 系统类型</td></tr>
<tr><td colspan="2"></td><td colspan="2"></td><td colspan="2"></td><td></td></tr>
</table>

工步内容	加工程序	主轴转速	刀具名称	进给量	被吃刀量

报告时间： 年 月 日

数控加工实习报告(9)

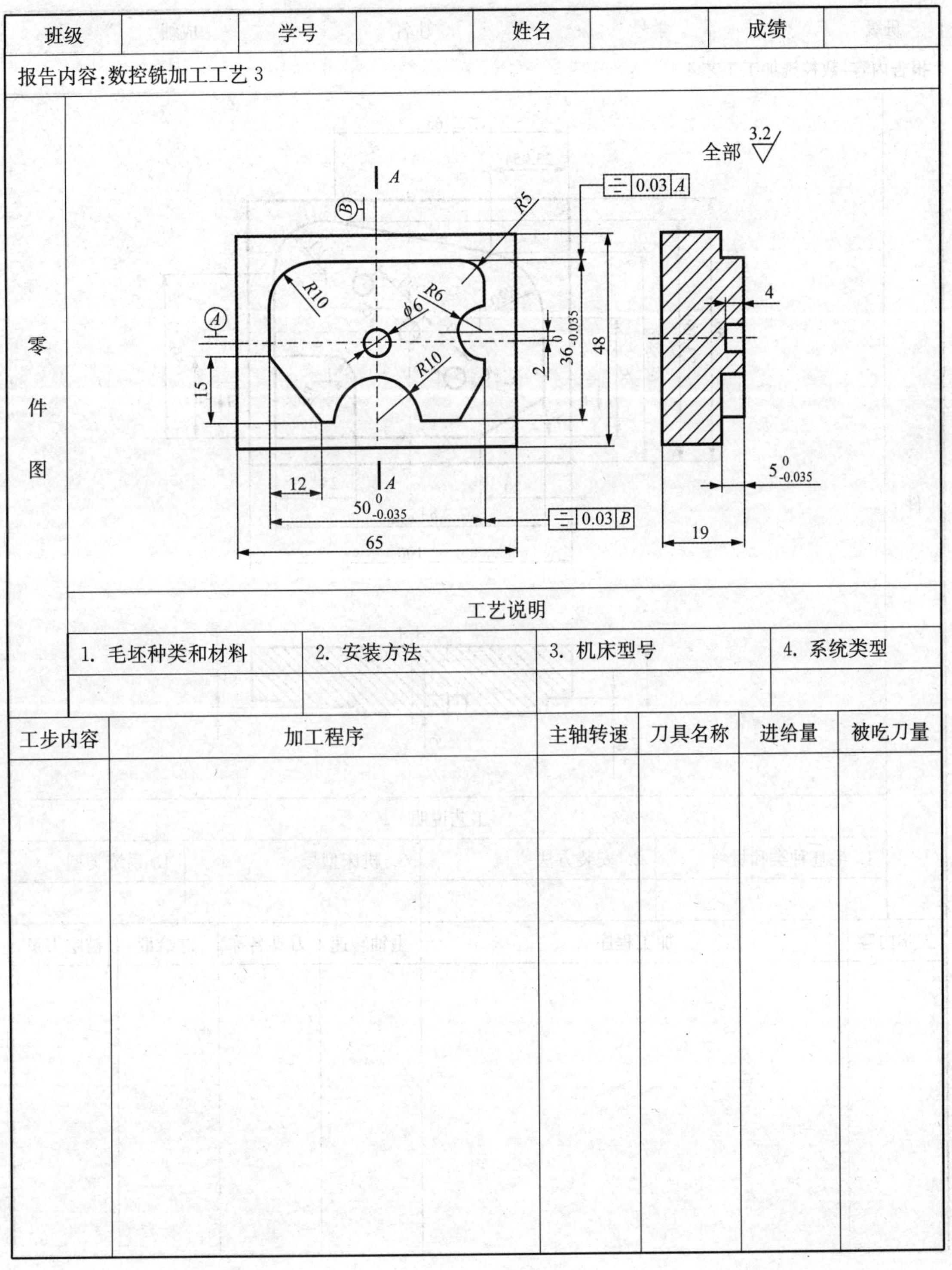

班级		学号		姓名		成绩	

报告内容:数控铣加工工艺 3

零件图

工艺说明

1. 毛坯种类和材料	2. 安装方法	3. 机床型号	4. 系统类型

工步内容	加工程序	主轴转速	刀具名称	进给量	被吃刀量

报告时间: 年 月 日

数控加工实习报告(10)

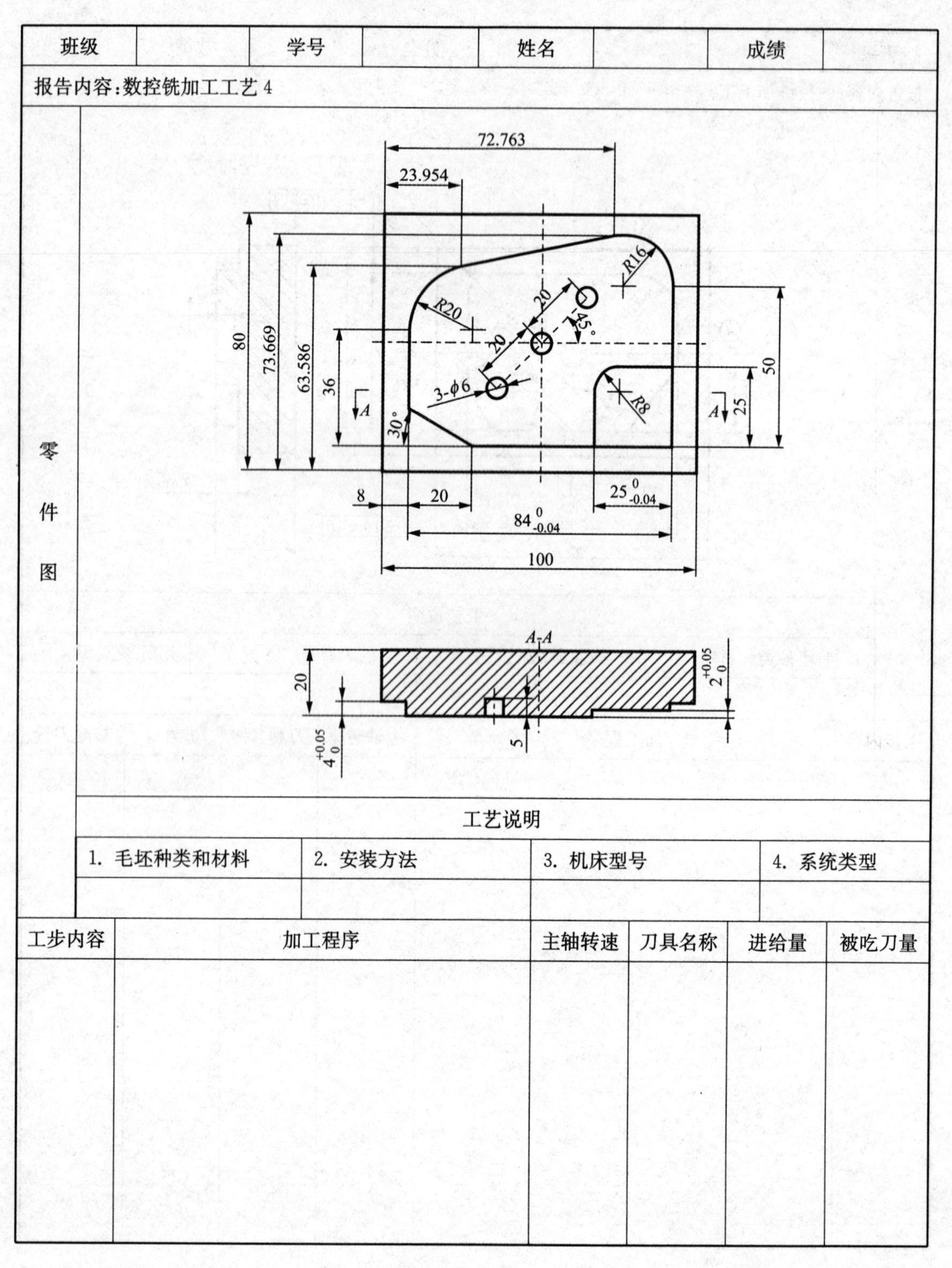

班级		学号		姓名		成绩	

报告内容：数控铣加工工艺 4

零件图

工艺说明

1. 毛坯种类和材料	2. 安装方法	3. 机床型号	4. 系统类型

工步内容	加工程序	主轴转速	刀具名称	进给量	被吃刀量

报告时间：　　年　月　日

数控加工实习报告(11)

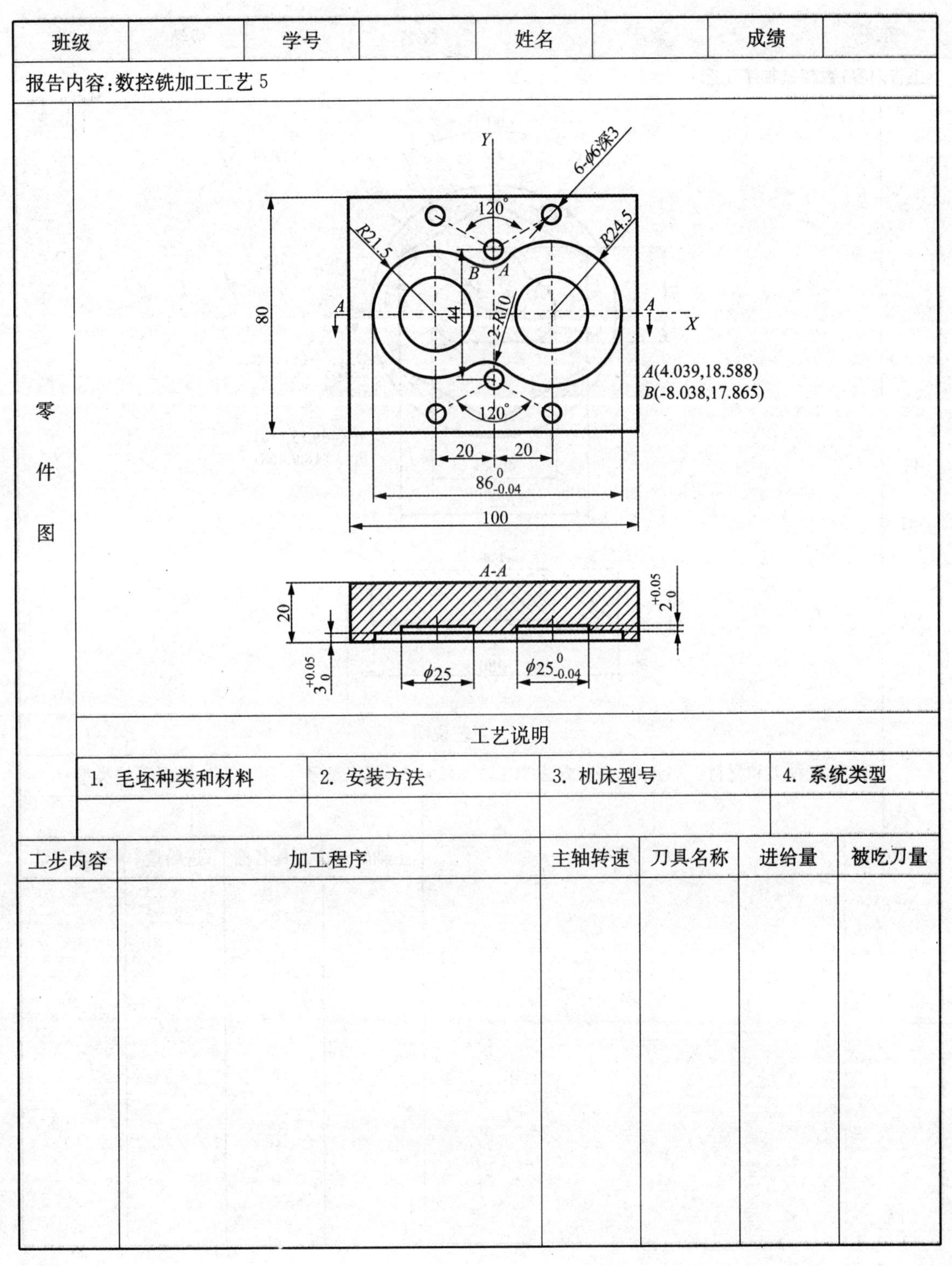

班级		学号		姓名		成绩	

报告内容:数控铣加工工艺 5

零件图

工艺说明

1. 毛坯种类和材料	2. 安装方法	3. 机床型号	4. 系统类型

工步内容	加工程序	主轴转速	刀具名称	进给量	被吃刀量

报告时间: 年 月 日

数控加工实习报告(12)

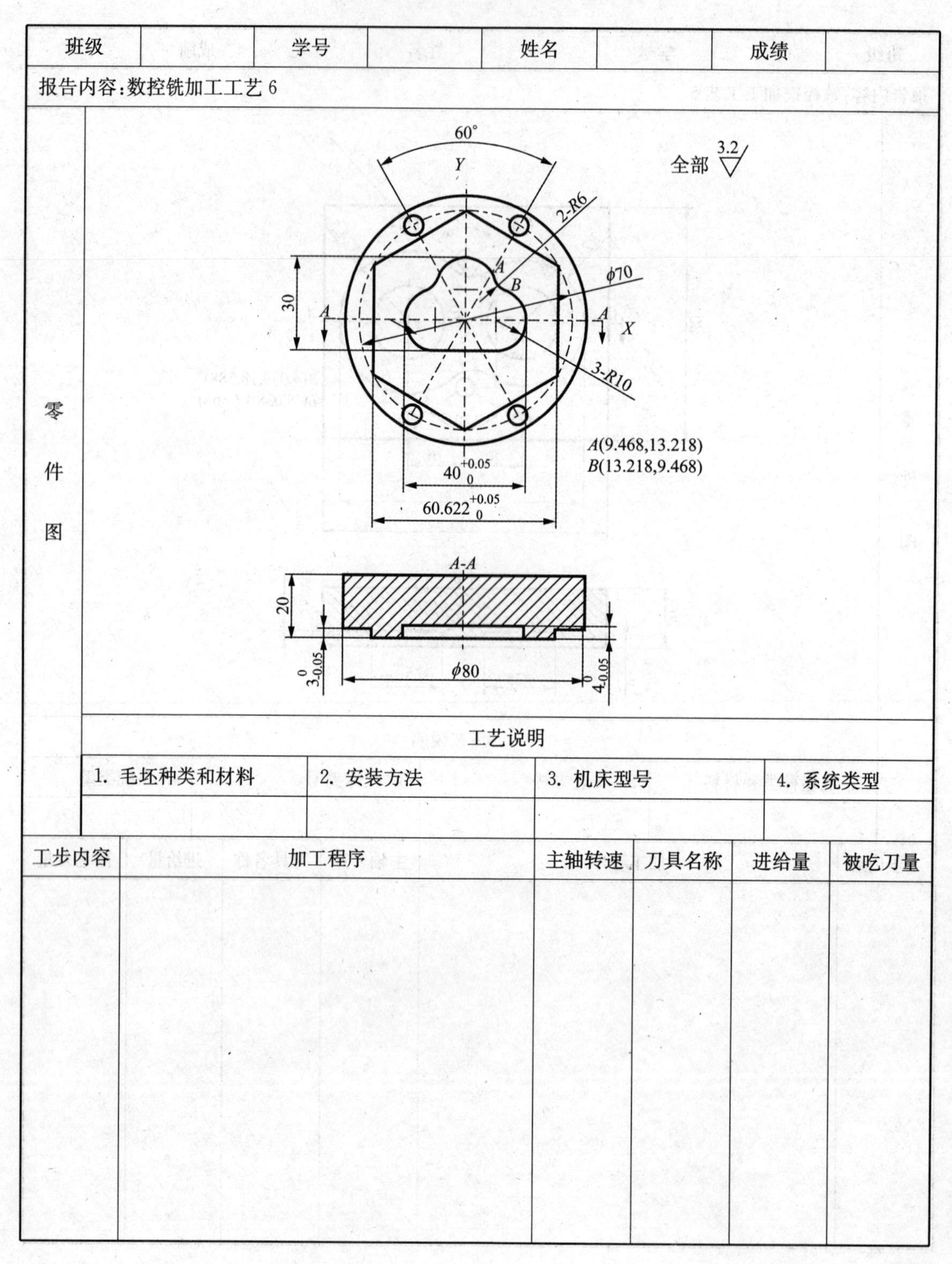

班级		学号		姓名		成绩	

报告内容:数控铣加工工艺 6

零件图

工艺说明

1. 毛坯种类和材料	2. 安装方法	3. 机床型号	4. 系统类型

工步内容	加工程序	主轴转速	刀具名称	进给量	被吃刀量

报告时间: 年 月 日

数控加工实习报告(13)

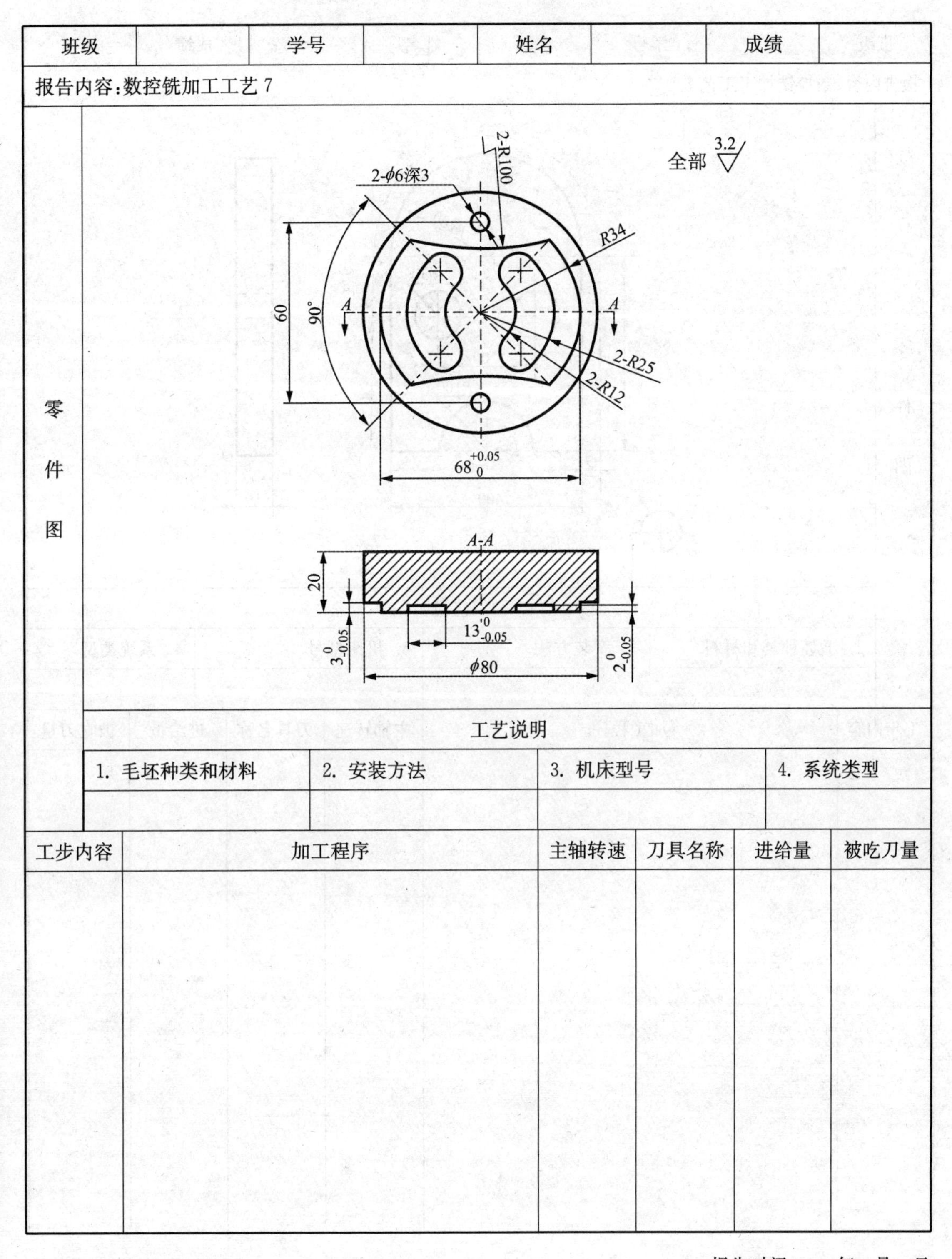

班级		学号		姓名		成绩	
报告内容:数控铣加工工艺 7							
零件图							

工艺说明

1. 毛坯种类和材料	2. 安装方法	3. 机床型号	4. 系统类型

工步内容	加工程序	主轴转速	刀具名称	进给量	被吃刀量

报告时间：　　年　月　日

数控加工实习报告(14)

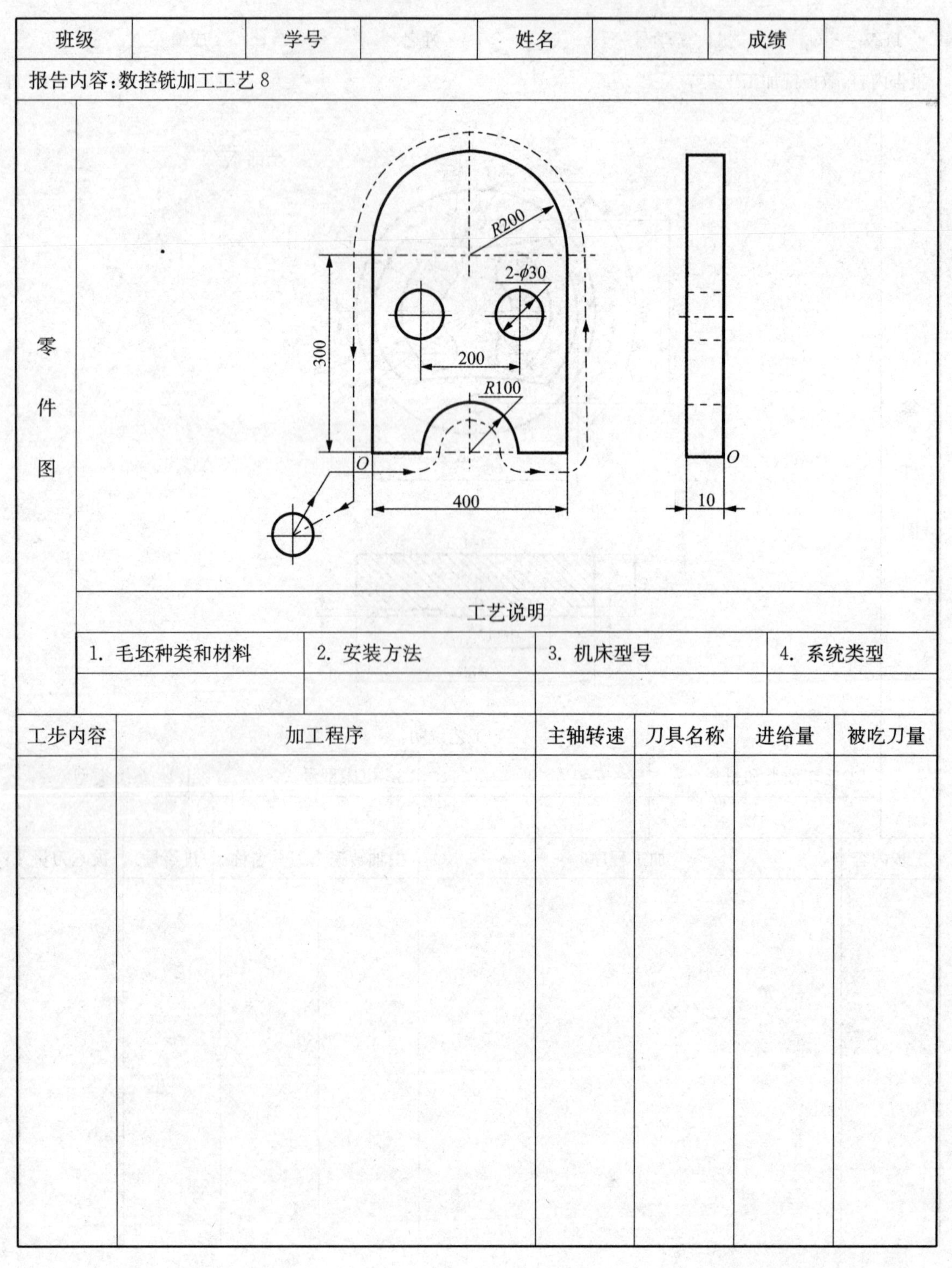

班级		学号		姓名		成绩	

报告内容:数控铣加工工艺 8

零件图

工艺说明

1. 毛坯种类和材料	2. 安装方法	3. 机床型号	4. 系统类型

工步内容	加工程序	主轴转速	刀具名称	进给量	被吃刀量

报告时间:　　年　月　日

15 特种加工

特种加工实习报告(1)

<table>
<tr><td>班级</td><td></td><td>学号</td><td></td><td>姓名</td><td></td><td>成绩</td><td></td></tr>
<tr><td colspan="8">报告内容:圆弧板加工工艺</td></tr>
<tr><td rowspan="3">零
件
图</td><td rowspan="3" colspan="3">R5
35
R5
35</td><td rowspan="3">工
艺
说
明</td><td colspan="3">1. 毛坯种类和材料</td></tr>
<tr><td colspan="3">2. 安装方法</td></tr>
<tr><td colspan="3">3. 其他</td></tr>
</table>

<table>
<tr><td colspan="4">加工步骤</td></tr>
<tr><td>序号</td><td>加工内容</td><td>用 ISO 代码手工编程</td><td>备注</td></tr>
<tr><td></td><td></td><td></td><td></td></tr>
</table>

报告时间：　　年　月　日

特种加工实习报告(2)

<table>
<tr><td>班级</td><td></td><td>学号</td><td></td><td>姓名</td><td></td><td>成绩</td><td></td></tr>
<tr><td colspan="8">报告内容:字母加工工艺</td></tr>
<tr><td rowspan="3">零件图</td><td rowspan="3" colspan="3">38
5
13
43</td><td rowspan="3">工艺说明</td><td colspan="3">1. 毛坯种类和材料</td></tr>
<tr><td colspan="3">2. 安装方法</td></tr>
<tr><td colspan="3">3. 其他</td></tr>
<tr><td colspan="8">加工步骤</td></tr>
<tr><td>序号</td><td colspan="2">加工内容</td><td colspan="2">工艺简图</td><td colspan="3">备注</td></tr>
<tr><td></td><td colspan="2"></td><td colspan="2"></td><td colspan="3"></td></tr>
</table>

报告时间: 年 月 日

特种加工实习报告(3)

<table>
<tr><td>班级</td><td></td><td>学号</td><td></td><td>姓名</td><td></td><td>成绩</td><td></td></tr>
<tr><td colspan="8">报告内容:五角星加工工艺</td></tr>
<tr><td rowspan="3">零件图</td><td rowspan="3" colspan="4">40</td><td rowspan="3">工艺说明</td><td colspan="2">1. 毛坯种类和材料</td></tr>
<tr><td colspan="2">2. 安装方法</td></tr>
<tr><td colspan="2">3. 其他</td></tr>
<tr><td colspan="8">加工步骤</td></tr>
<tr><td>序号</td><td colspan="2">加工内容</td><td colspan="3">工艺简图</td><td colspan="2">备注</td></tr>
<tr><td></td><td colspan="2"></td><td colspan="3"></td><td colspan="2"></td></tr>
</table>

报告时间： 年 月 日

特种加工实习报告(4)

<table>
<tr><td>班级</td><td></td><td>学号</td><td></td><td>姓名</td><td></td><td>成绩</td><td></td></tr>
<tr><td colspan="8">报告内容:八边形加工工艺</td></tr>
<tr><td rowspan="3">零件图</td><td colspan="4" rowspan="3">40 38 (15.74)</td><td rowspan="3">工艺说明</td><td colspan="2">1. 毛坯种类和材料</td></tr>
<tr><td colspan="2">2. 安装方法</td></tr>
<tr><td colspan="2">3. 其他</td></tr>
<tr><td colspan="8">加工步骤</td></tr>
<tr><td>序号</td><td colspan="2">加工内容</td><td colspan="3">工艺简图</td><td colspan="2">备注</td></tr>
<tr><td></td><td colspan="2"></td><td colspan="3"></td><td colspan="2"></td></tr>
</table>

报告时间：　　年　月　日

特种加工实习报告(5)

<table>
<tr><td>班级</td><td></td><td>学号</td><td></td><td>姓名</td><td></td><td>成绩</td><td></td></tr>
<tr><td colspan="8">报告内容:椭圆加工工艺</td></tr>
<tr><td rowspan="3">零件图</td><td rowspan="3" colspan="3">10
16</td><td rowspan="3">工艺说明</td><td colspan="3">1. 毛坯种类和材料</td></tr>
<tr><td colspan="3">2. 安装方法</td></tr>
<tr><td colspan="3">3. 其他</td></tr>
<tr><td colspan="8">加工步骤</td></tr>
<tr><td>序号</td><td colspan="2">加工内容</td><td colspan="2">工艺简图</td><td colspan="3">备注</td></tr>
<tr><td></td><td colspan="2"></td><td colspan="2"></td><td colspan="3"></td></tr>
</table>

报告时间： 年 月 日

特种加工实习报告(6)

<table>
<tr><td>班级</td><td></td><td>学号</td><td></td><td>姓名</td><td></td><td>成绩</td><td></td></tr>
<tr><td colspan="8">报告内容:繁花类加工工艺</td></tr>
<tr><td rowspan="3">零件图</td><td rowspan="3" colspan="4"></td><td rowspan="3">工艺说明</td><td colspan="2">1. 毛坯种类和材料</td></tr>
<tr><td colspan="2">2. 安装方法</td></tr>
<tr><td colspan="2">3. 其他</td></tr>
<tr><td colspan="8">加工步骤</td></tr>
<tr><td>序号</td><td>加工内容</td><td colspan="3">工艺简图</td><td colspan="3">备注</td></tr>
<tr><td></td><td></td><td colspan="3"></td><td colspan="3"></td></tr>
</table>

报告时间:　　年　月　日

特种加工实习报告(7)

<table>
<tr><td>班级</td><td></td><td>学号</td><td></td><td>姓名</td><td></td><td>成绩</td><td></td></tr>
<tr><td colspan="8">报告内容:圆弧加工工艺</td></tr>
<tr><td rowspan="3">零件图</td><td rowspan="3" colspan="3">120° 2-R8 φ40</td><td rowspan="3">工艺说明</td><td colspan="3">1. 毛坯种类和材料</td></tr>
<tr><td colspan="3">2. 安装方法</td></tr>
<tr><td colspan="3">3. 其他</td></tr>
</table>

加工步骤

序号	加工内容	工艺简图	备注

报告时间： 年 月 日

特种加工实习报告(8)

<table>
<tr><td>班级</td><td></td><td>学号</td><td></td><td>姓名</td><td></td><td>成绩</td><td></td></tr>
<tr><td colspan="8">报告内容:文字加工工艺</td></tr>
<tr><td rowspan="3">零件图</td><td rowspan="3" colspan="3">20 10 12 16 10 61 10 53</td><td rowspan="3">工艺说明</td><td colspan="3">1. 毛坯种类和材料</td></tr>
<tr><td colspan="3">2. 安装方法</td></tr>
<tr><td colspan="3">3. 其他</td></tr>
<tr><td colspan="8">加工步骤</td></tr>
<tr><td>序号</td><td colspan="2">加工内容</td><td colspan="2">工艺简图</td><td colspan="3">备注</td></tr>
<tr><td></td><td colspan="2"></td><td colspan="2"></td><td colspan="3"></td></tr>
</table>

报告时间：　　年　月　日

特种加工实习报告(9)

<table>
<tr><td>班级</td><td></td><td>学号</td><td></td><td>姓名</td><td></td><td>成绩</td><td></td></tr>
<tr><td colspan="8">报告内容:创新设计加工工艺</td></tr>
<tr><td rowspan="3">学生创新设计零件图</td><td rowspan="3" colspan="4"></td><td rowspan="3">工艺说明</td><td colspan="2">1. 毛坯种类和材料</td></tr>
<tr><td colspan="2">2. 安装方法</td></tr>
<tr><td colspan="2">3. 其他</td></tr>
<tr><td colspan="8">加工步骤</td></tr>
<tr><td>序号</td><td colspan="2">加工内容</td><td colspan="3">工艺简图</td><td colspan="2">备注</td></tr>
<tr><td></td><td colspan="2"></td><td colspan="3"></td><td colspan="2"></td></tr>
</table>

报告时间: 年 月 日

特种加工实习报告(10)

班级		学号		姓名		成绩	

报告内容:内七角加工工艺

零件图		工艺说明	1. 毛坯种类和材料
			2. 安装方法
			3. 其他

加工步骤

序号	加工内容	工艺简图	备注

报告时间： 年 月 日

特种加工实习报告(11)

<table>
<tr><td>班级</td><td></td><td>学号</td><td></td><td>姓名</td><td></td><td>成绩</td><td></td></tr>
<tr><td colspan="8">报告内容:圆弧连接加工工艺</td></tr>
<tr><td rowspan="3">零件图</td><td rowspan="3" colspan="4"></td><td rowspan="3">工艺说明</td><td colspan="2">1. 毛坯种类和材料</td></tr>
<tr><td colspan="2">2. 安装方法</td></tr>
<tr><td colspan="2">3. 其他</td></tr>
<tr><td colspan="8">加工步骤</td></tr>
<tr><td>序号</td><td colspan="2">加工内容</td><td colspan="3">工艺简图</td><td colspan="2">备注</td></tr>
<tr><td></td><td colspan="2"></td><td colspan="3"></td><td colspan="2"></td></tr>
</table>

报告时间： 年 月 日

16 计算机辅助设计与制造(CAD/CAM)

计算机辅助设计与制造(CAD/CAM)实习报告(1)

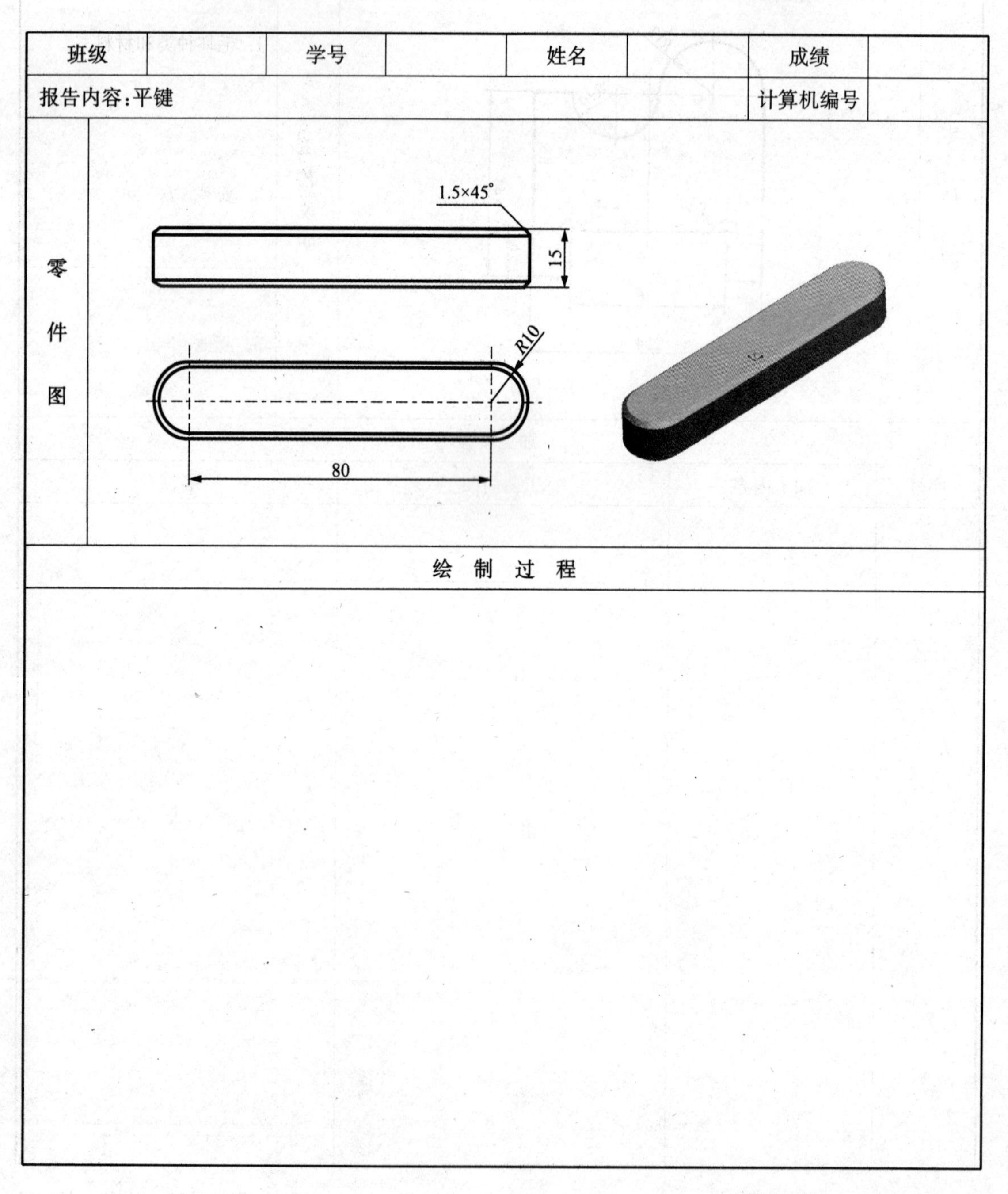

班级		学号		姓名		成绩	
报告内容:平键						计算机编号	
零件图							
绘制过程							

报告时间：　　年　月　日

计算机辅助设计与制造(CAD/CAM)实习报告(2)

班级		学号		姓名		成绩	
报告内容:垫片						计算机编号	

零件图

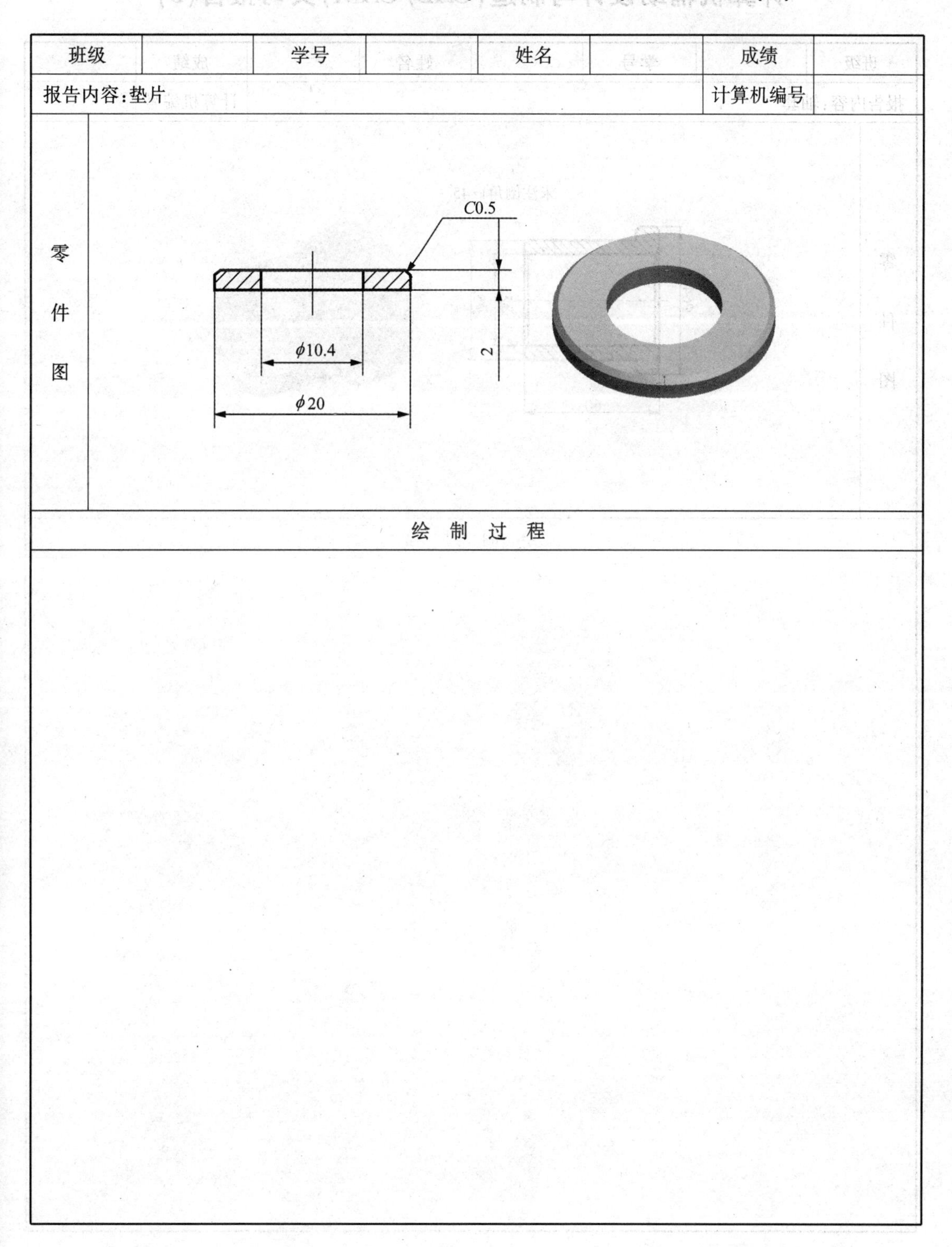

绘 制 过 程

报告时间:　　年　月　日

计算机辅助设计与制造(CAD/CAM)实习报告(3)

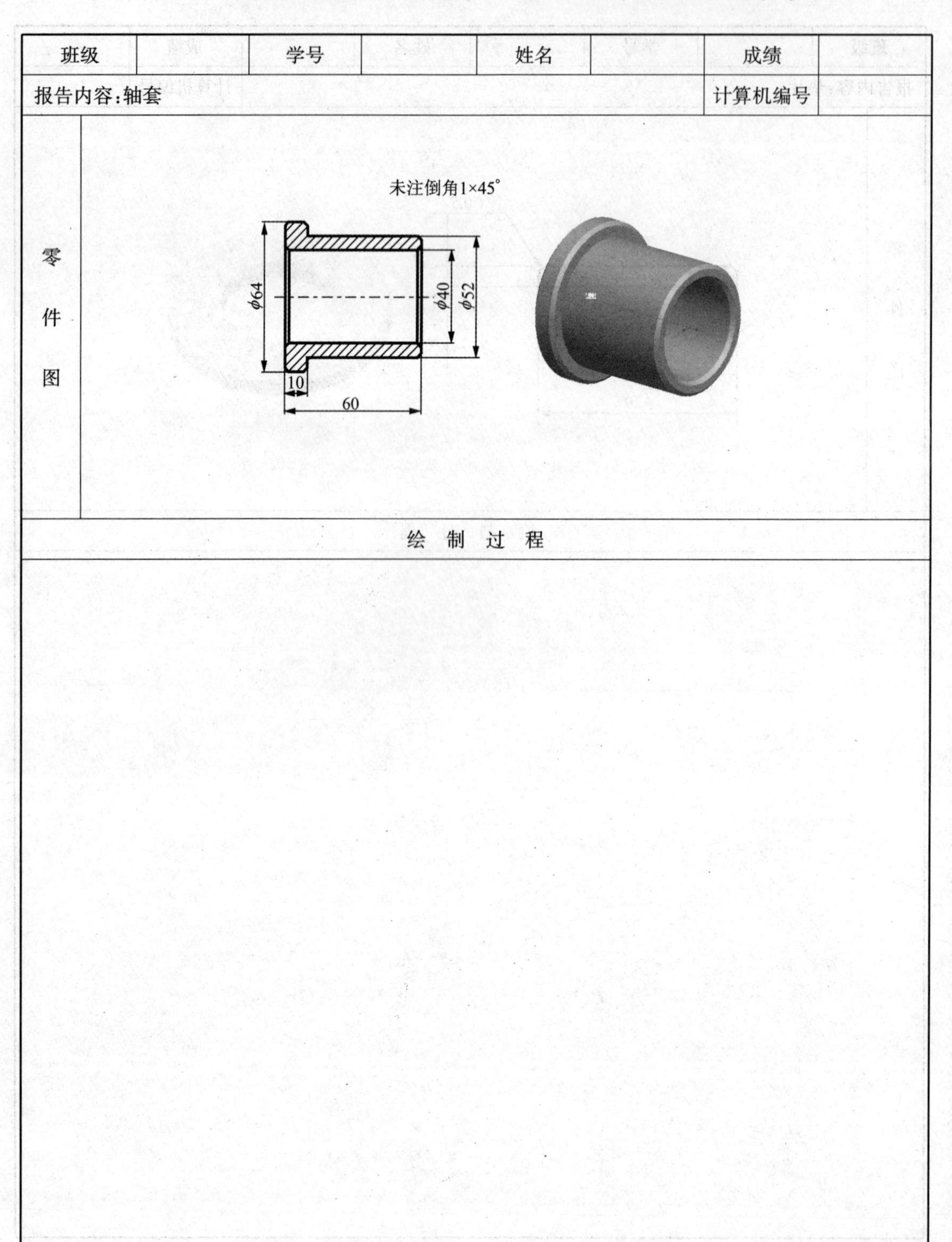

班级		学号		姓名		成绩	
报告内容:轴套						计算机编号	
零件图							
绘制过程							

报告时间:　　年　月　日

计算机辅助设计与制造(CAD/CAM)实习报告(4)

班级		学号		姓名		成绩	
报告内容:法兰盘						计算机编号	

零件图

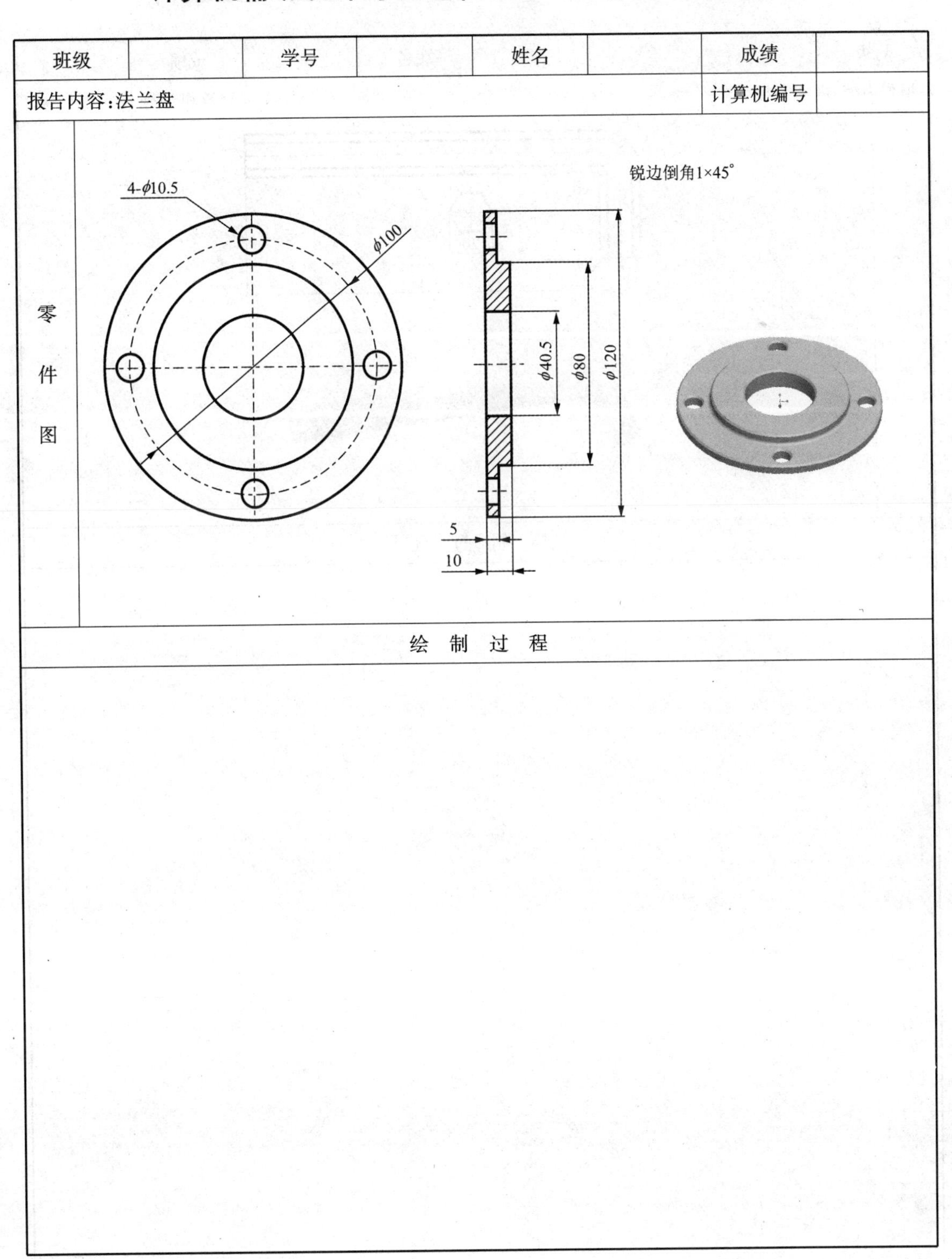

绘 制 过 程

报告时间: 年 月 日

计算机辅助设计与制造(CAD/CAM)实习报告(5)

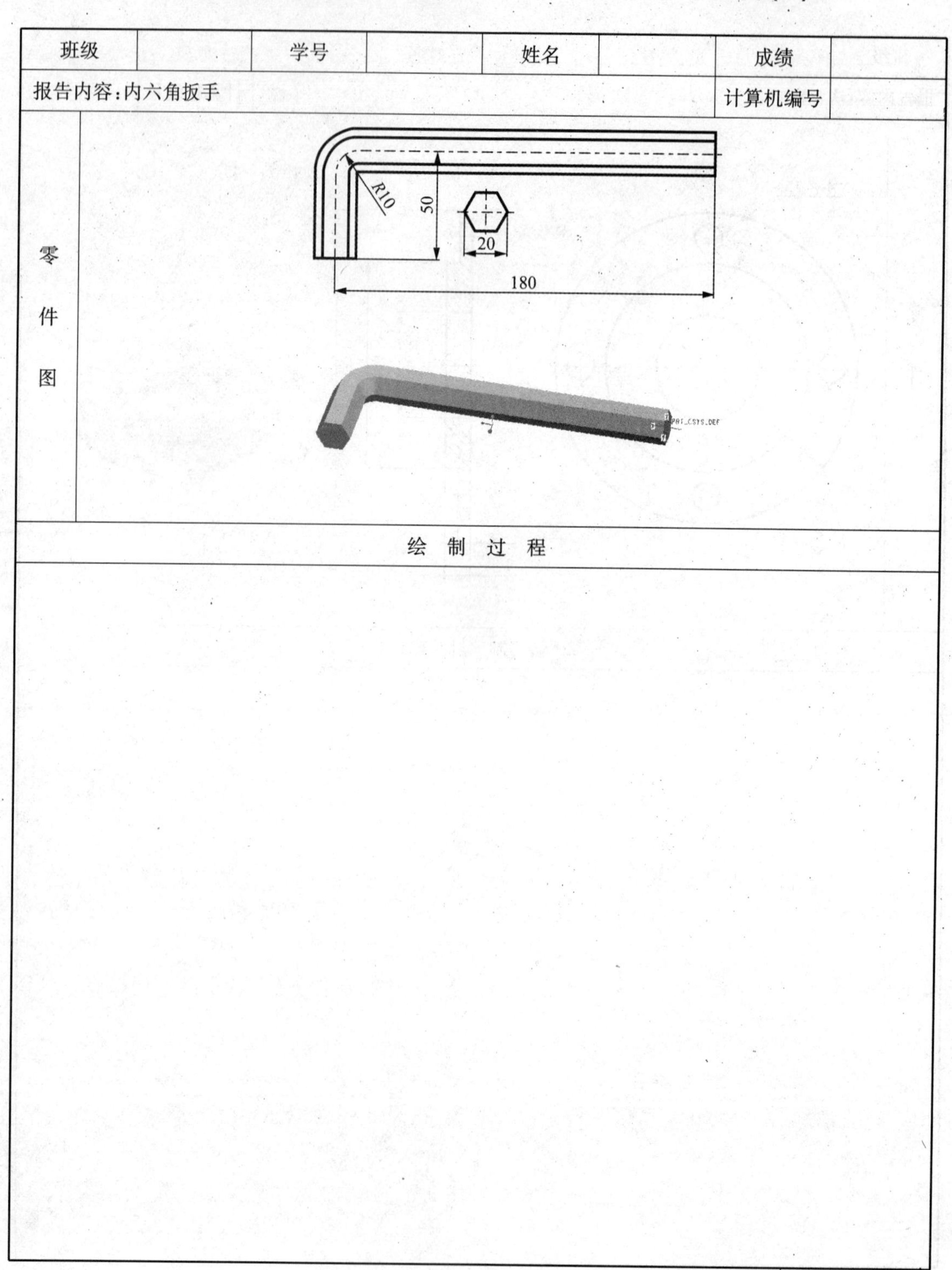

班级		学号		姓名		成绩	
报告内容:内六角扳手						计算机编号	
零件图							
绘制过程							

报告时间：　　年　月　日

计算机辅助设计与制造(CAD/CAM)实习报告(6)

班级		学号		姓名		成绩	
报告内容:底座						计算机编号	
零件图							
绘　制　过　程							

报告时间：　　年　月　日

计算机辅助设计与制造(CAD/CAM)实习报告(7)

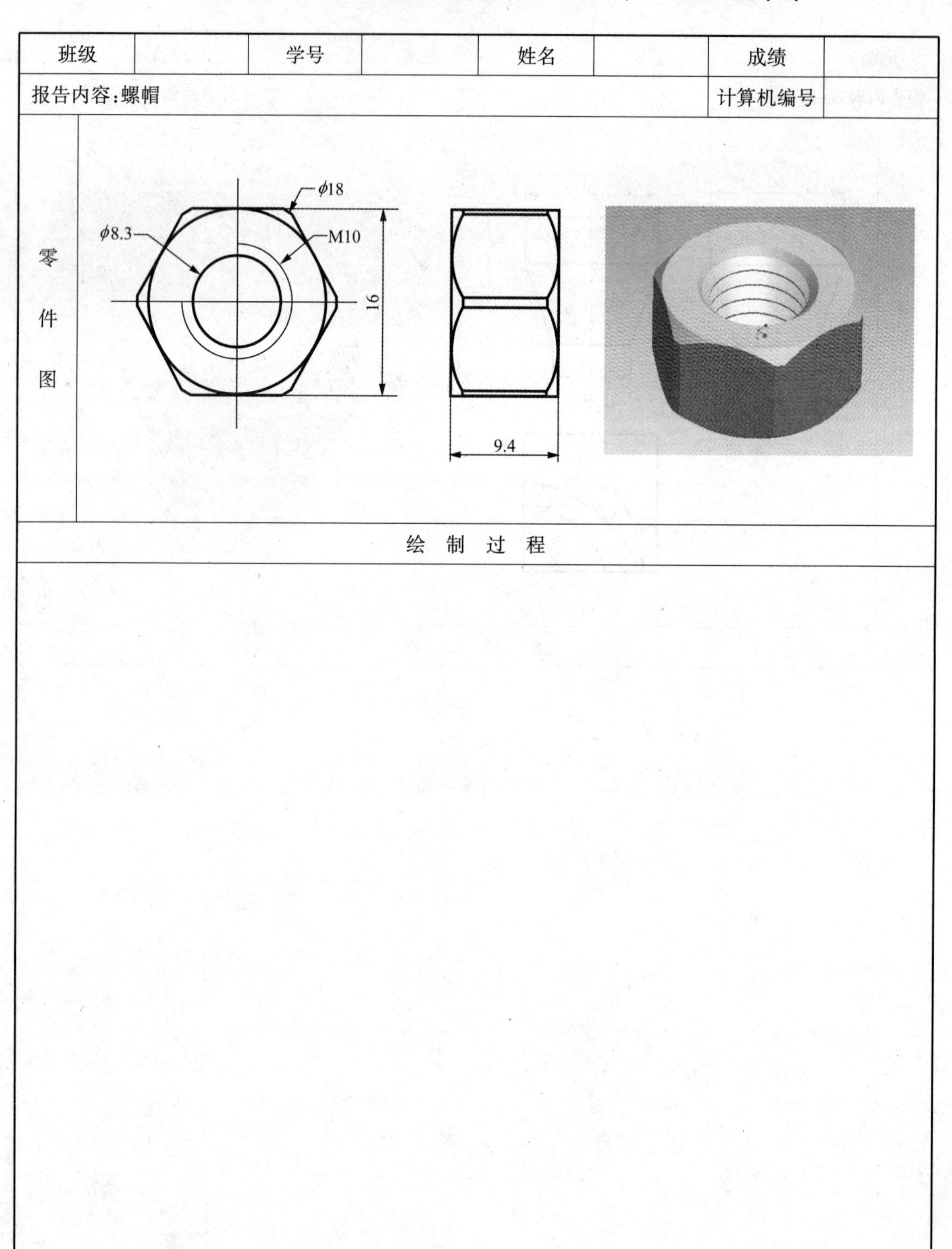

班级		学号		姓名		成绩	
报告内容：螺帽						计算机编号	
零件图							
绘制过程							

报告时间：　　年　月　日

计算机辅助设计与制造(CAD/CAM)实习报告(8)

班级		学号		姓名		成绩	
报告内容:向心球轴承						计算机编号	
零件图	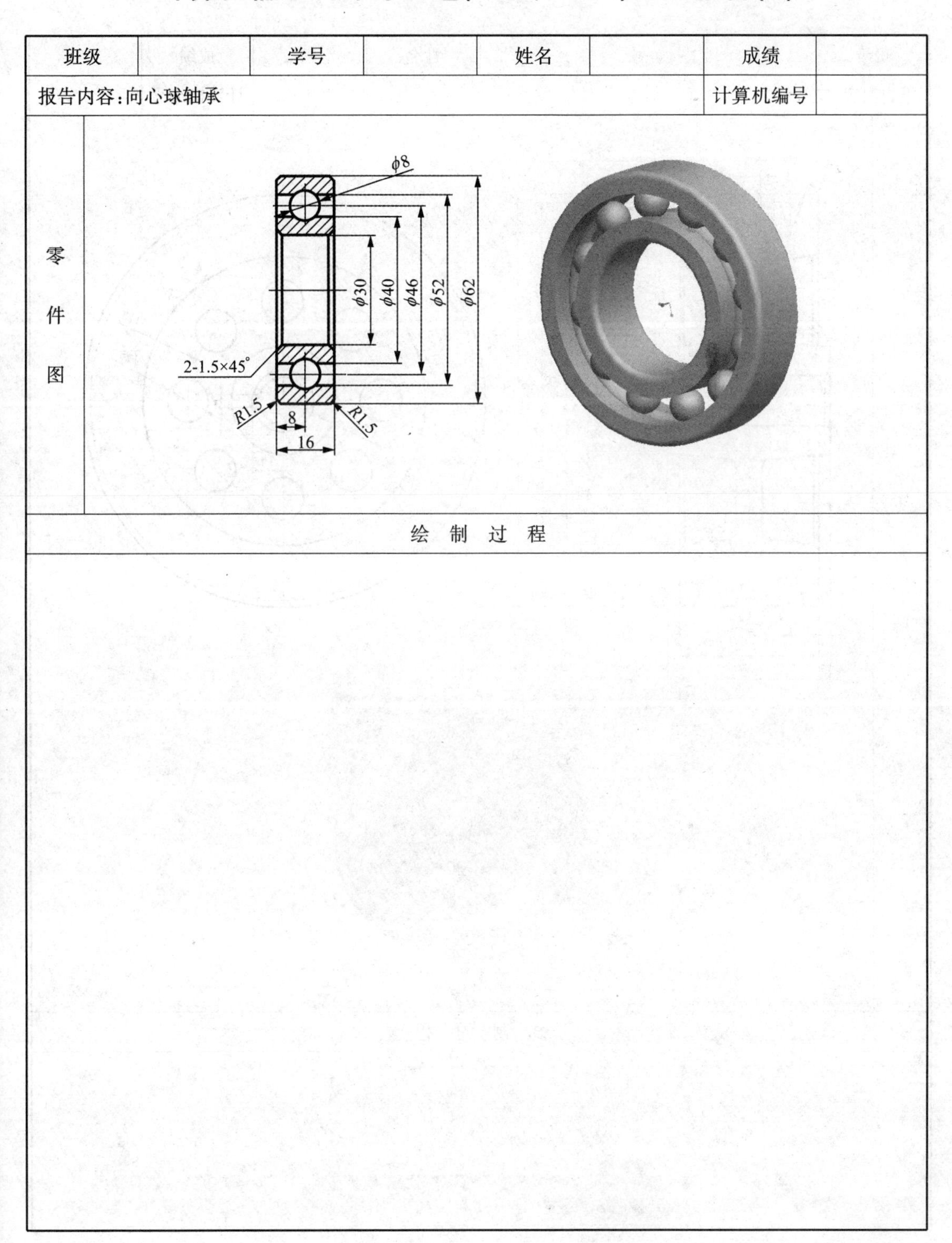						
绘制过程							

报告时间：　　年　月　日

计算机辅助设计与制造(CAD/CAM)实习报告(9)

班级		学号		姓名		成绩	
报告内容:皮带轮						计算机编号	
零件图	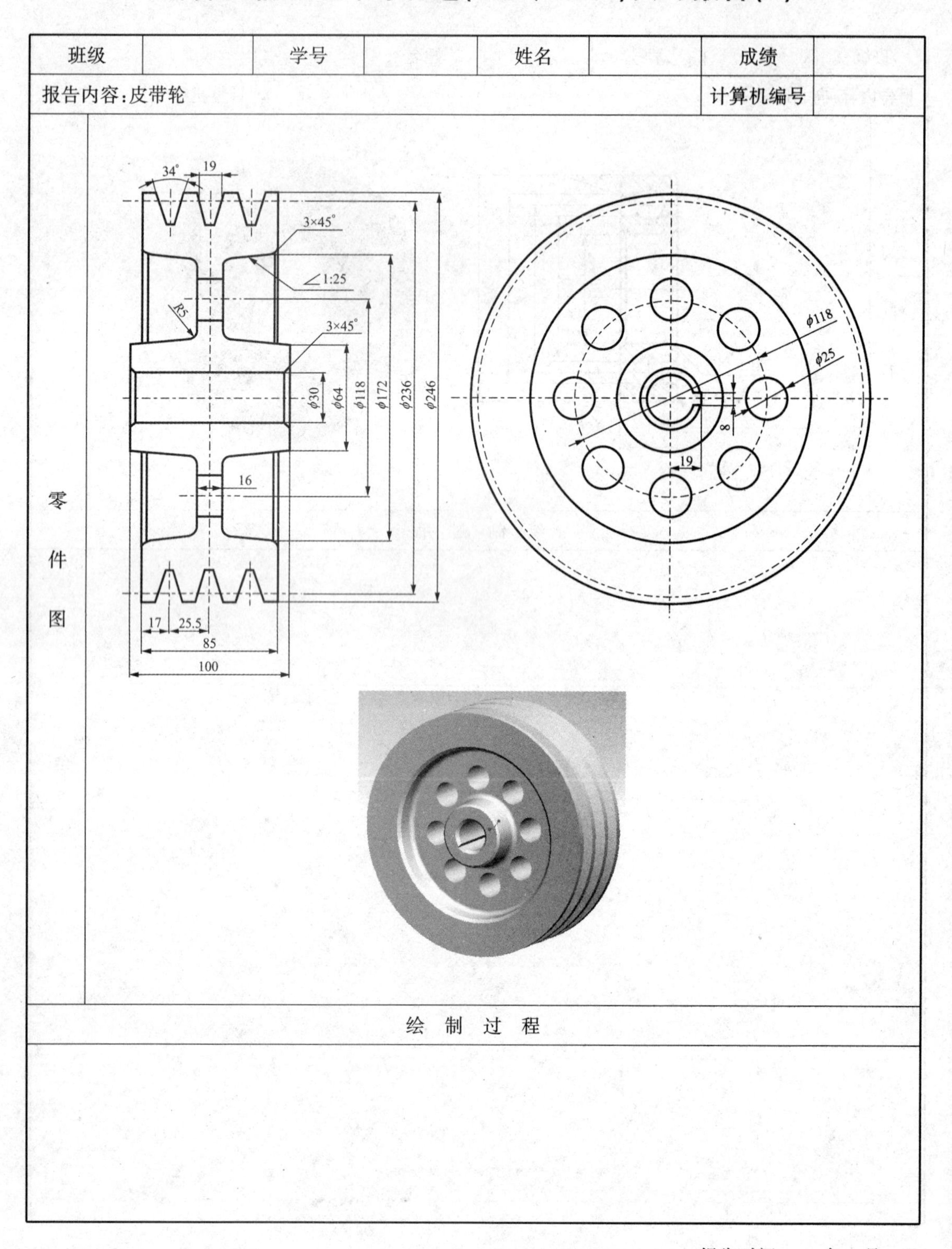						
绘制过程							

报告时间： 年 月 日

计算机辅助设计与制造(CAD/CAM)实习报告(10)

班级		学号		姓名		成绩	
报告内容:渐开线直齿轮						计算机编号	
零件图	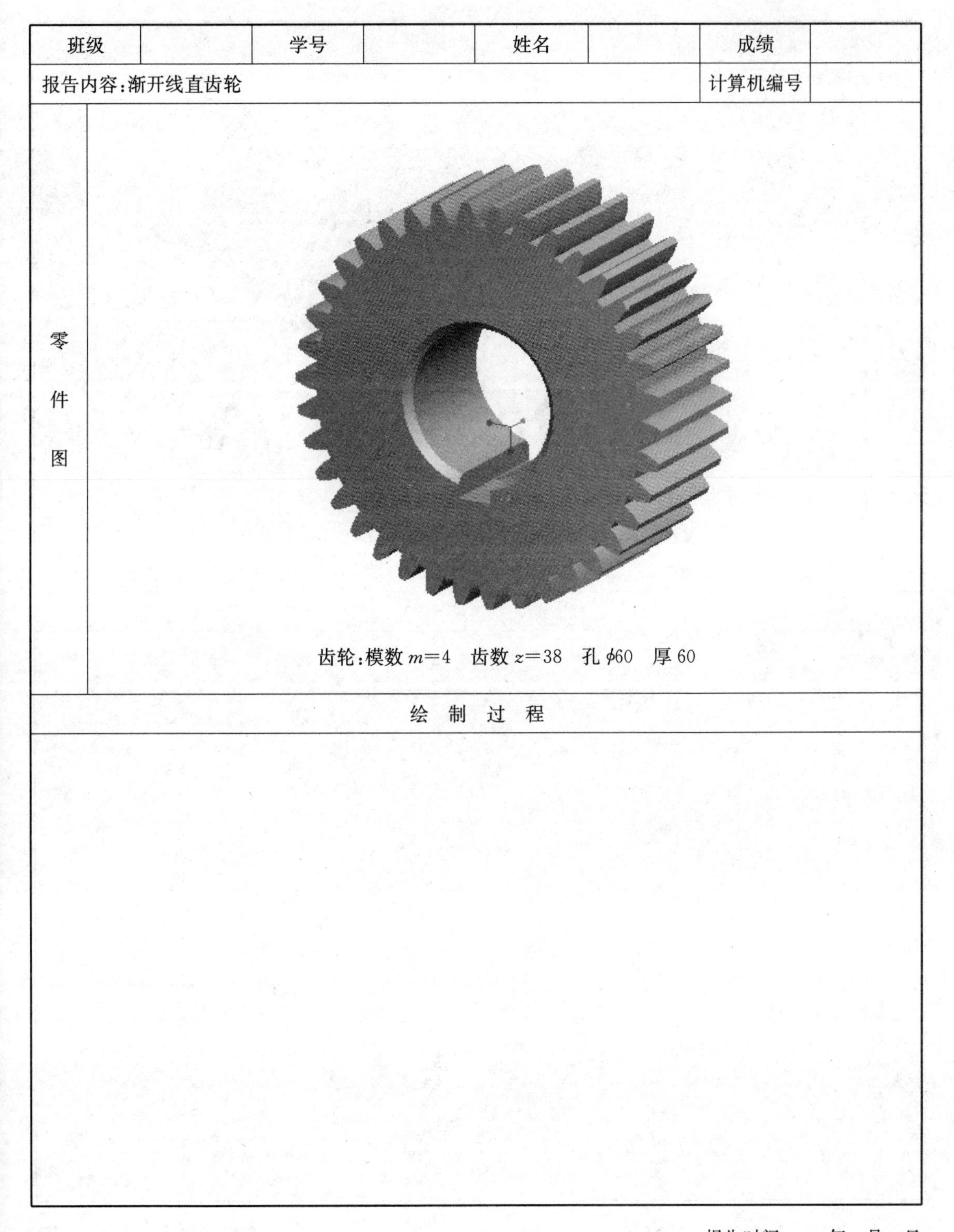 齿轮:模数 $m=4$　齿数 $z=38$　孔 $\phi60$　厚 60						
绘　制　过　程							

报告时间:　　年　月　日

计算机辅助设计与制造(CAD/CAM)实习报告(11)

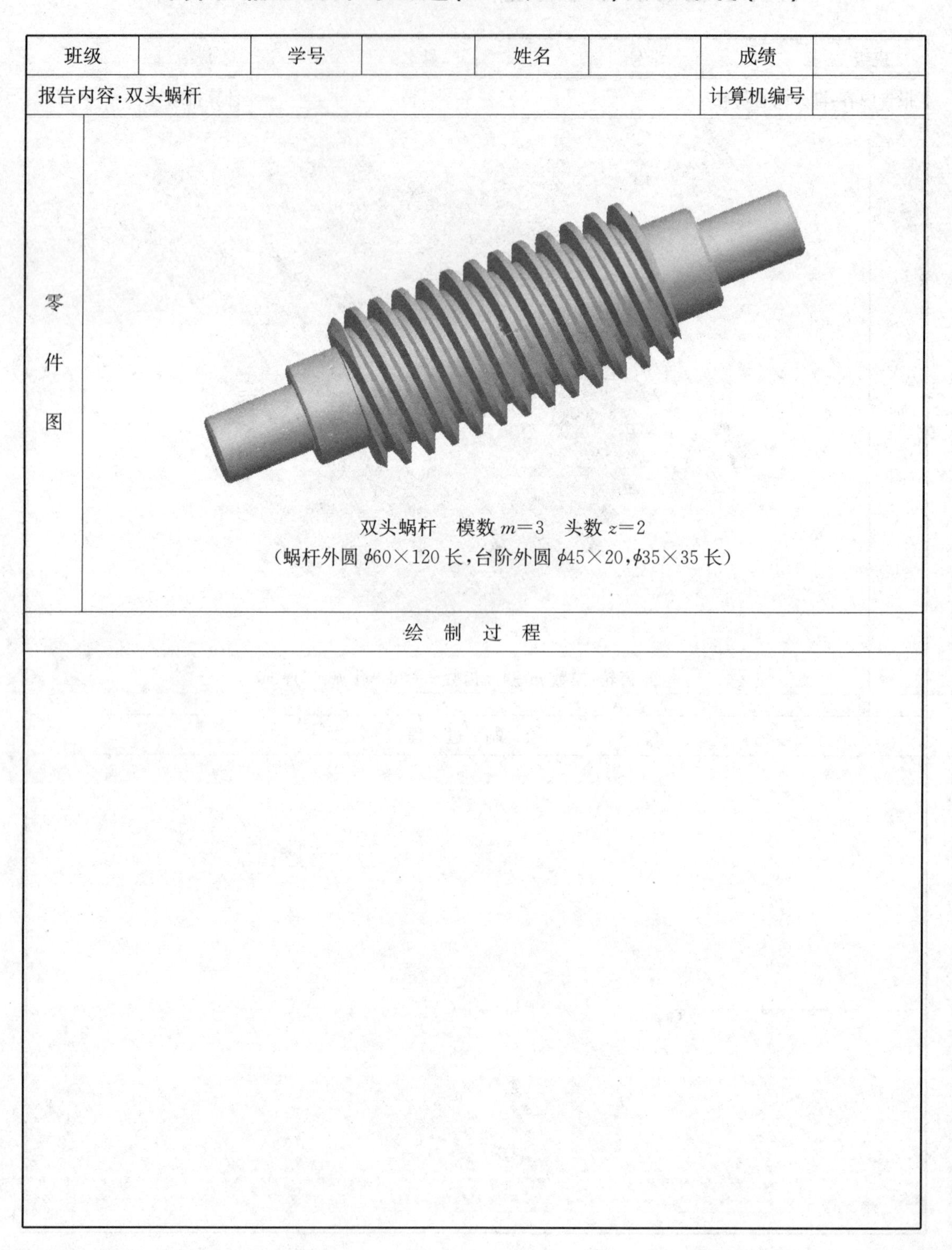

班级		学号		姓名		成绩	
报告内容:双头蜗杆						计算机编号	
零件图	双头蜗杆　模数 $m=3$　头数 $z=2$ (蜗杆外圆 $\phi60\times120$ 长,台阶外圆 $\phi45\times20$,$\phi35\times35$ 长)						
绘制过程							

报告时间:　　年　月　日

计算机辅助设计与制造(CAD/CAM)实习报告(12)

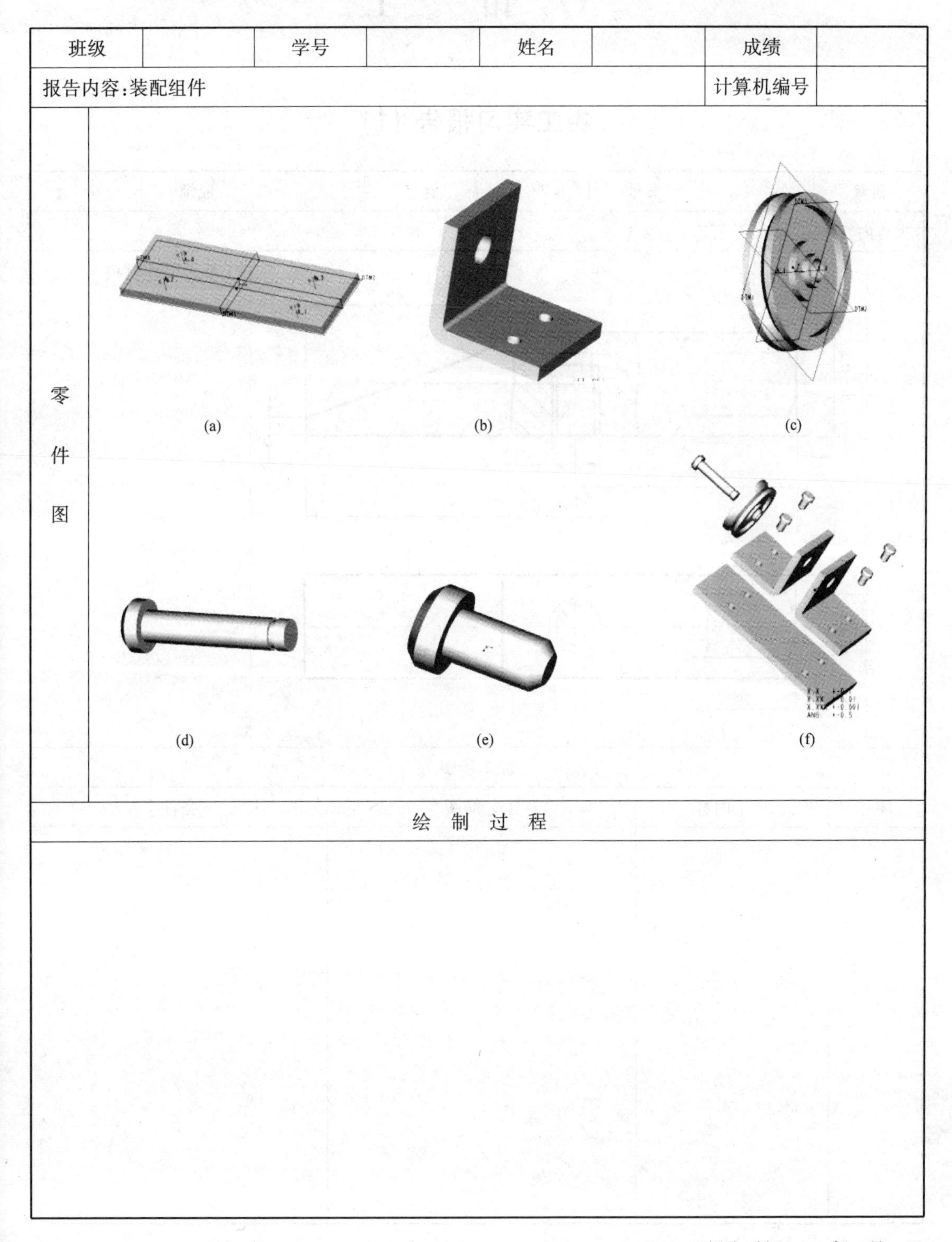

班级		学号		姓名		成绩	
报告内容:装配组件						计算机编号	
零件图	(a) (b) (c) (d) (e) (f)						
绘 制 过 程							

报告时间: 年 月 日

17 钳　工

钳工实习报告 (1)

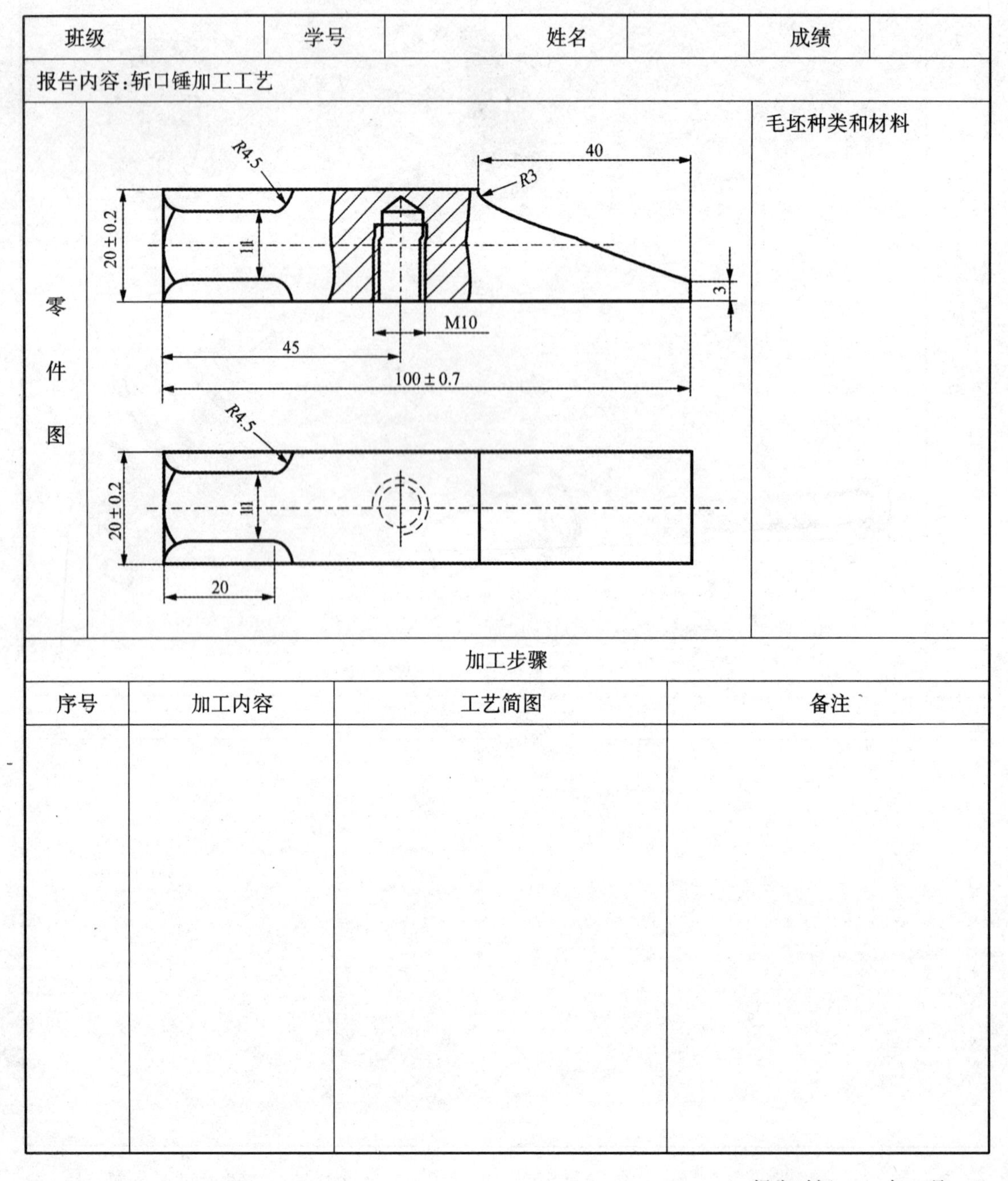

班级		学号		姓名		成绩	
报告内容:斩口锤加工工艺							
零件图						毛坯种类和材料	

加工步骤			
序号	加工内容	工艺简图	备注

报告时间:　　年　月　日

钳工实习报告 (2)

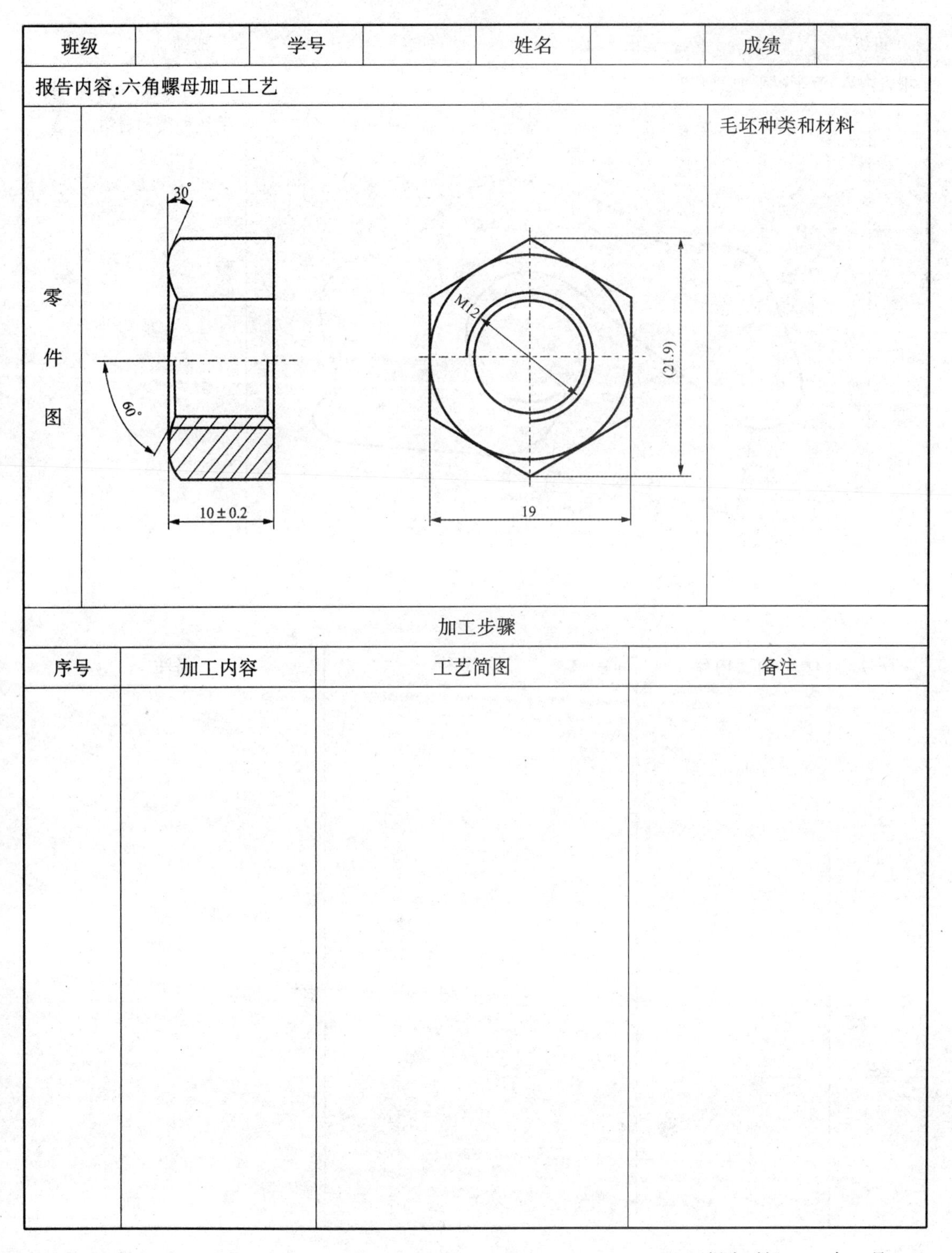

班级		学号		姓名		成绩	
报告内容：六角螺母加工工艺							
零件图	30° 60° 10±0.2 M12 (21.9) 19					毛坯种类和材料	
加工步骤							
序号	加工内容	工艺简图			备注		

报告时间： 年 月 日

钳工实习报告(3)

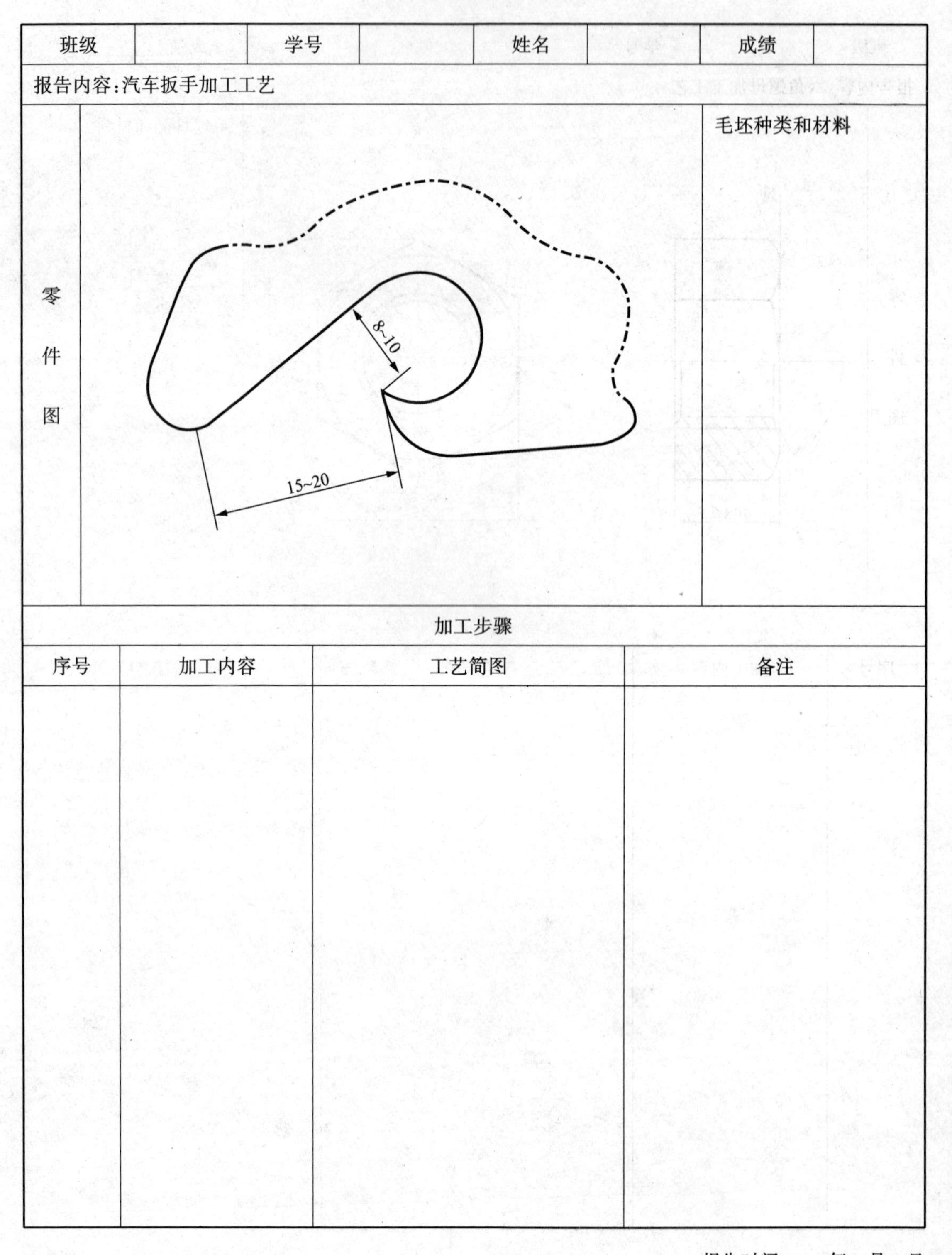

班级		学号		姓名		成绩	
报告内容:汽车扳手加工工艺							
零件图						毛坯种类和材料	

加工步骤

序号	加工内容	工艺简图	备注

报告时间:　　年　月　日

钳工实习报告（4）

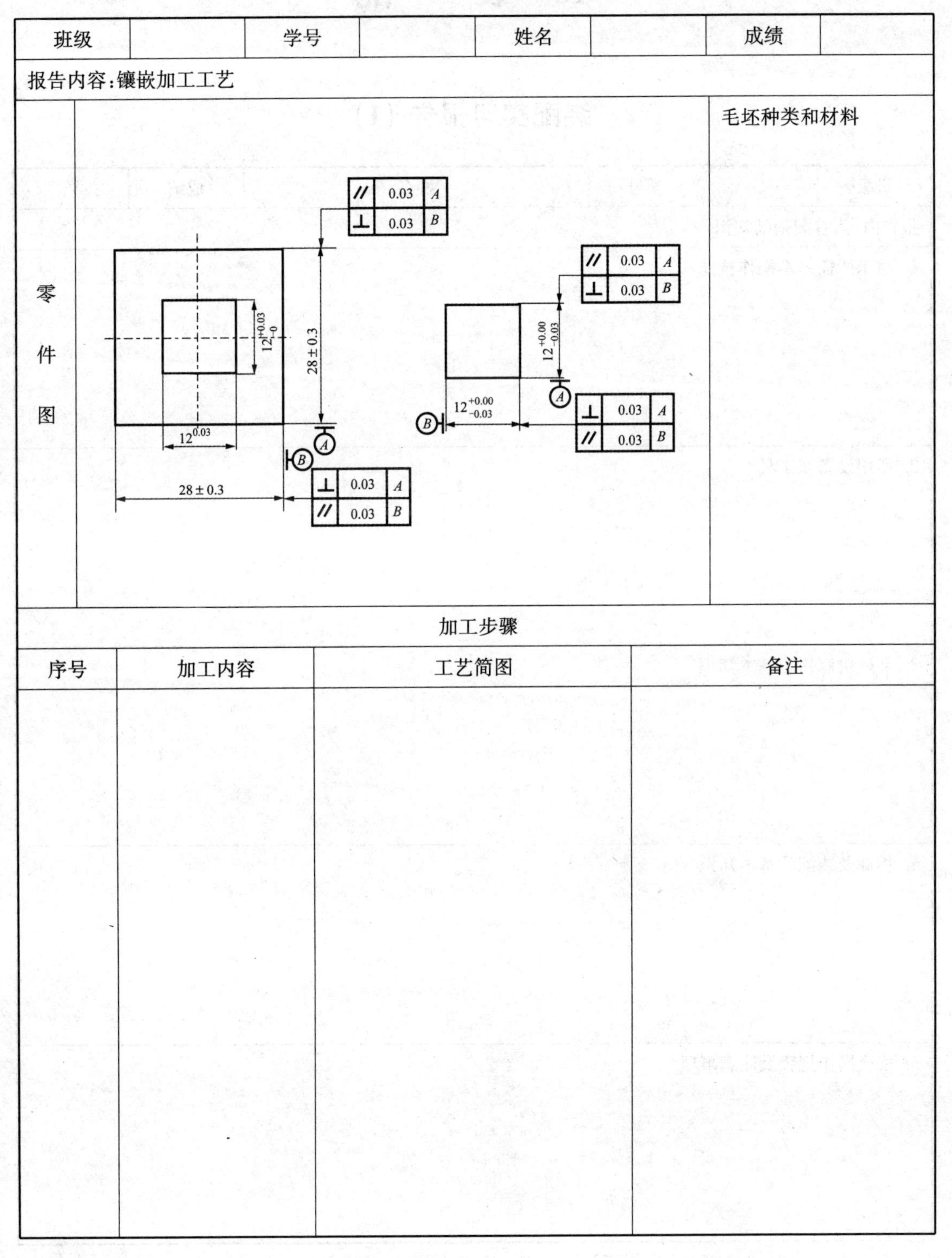

班级		学号		姓名		成绩	

报告内容:镶嵌加工工艺

零件图		毛坯种类和材料

加工步骤

序号	加工内容	工艺简图	备注

报告时间：　　年　月　日

18 装　　配

装配实习报告 (1)

班级		学号		姓名		成绩	
报告内容:装配基础知识							
1. 钳工所需基本操作技能							
2. 所用设备及工具							
3. 简述机修钳工基本知识							
4. 拆卸及装配的基本知识							
5. 安全操作规程及注意事项							

报告时间:　　年　月　日

装配实习报告（2）

<table>
<tr><td>班级</td><td></td><td>学号</td><td></td><td>姓名</td><td></td><td>成绩</td><td></td></tr>
<tr><td colspan="8">报告内容:CA6132 车床主轴箱拆卸</td></tr>
<tr><td colspan="8">1. 主轴箱拆卸所用工具</td></tr>
<tr><td colspan="8">2. 叙述主轴拆卸的过程</td></tr>
<tr><td colspan="8">3. 在拆卸过程中的注意事项</td></tr>
<tr><td colspan="8">4. 主轴箱拆卸工作小结</td></tr>
</table>

报告时间：　　年　月　日

装配实习报告（3）

班级		学号		姓名		成绩	
报告内容：CA6132 车床主轴箱分析							
1. 列出主轴箱内各种传动机构的组成							
2. 列出主轴上所用的轴向和周向固定							
3. 分析主轴的摩擦离合器及操纵机构							
4. 小结							

报告时间： 年 月 日

装配实习报告（4）

班级		学号		姓名		成绩	
报告内容：CA6132 车床主轴箱装配							
1. 装配步骤							
2. 在装配过程中的注意事项							
3. 小结							

报告时间：　　年　月　日

装配实习报告 (5)

班级		学号		姓名		成绩	
报告内容:CA6132 车床主轴箱检测							
1. 检测所用工具							
2. 检测精度项目							
3. 各检测项目的检测方法							
4. 各检测项目的检测结果							

报告时间:　　年　月　日

装配实习报告（6）

班级		学号		姓名		成绩	
报告内容：CA6132 车床主轴箱装配总结							
1. 拆卸前准备工作							
2. 拆卸中注意事项							
3. 拆卸后如何整理							
4. 装配前准备工作							
5. 装配中注意事项							
6. 检测中注意事项							

报告时间： 年 月 日